KB124951

스토리가 있는
# 앤티크 찻잔의
## 비밀

# 스토리가 있는
# 앤티크 찻잔의 비밀

## 최고의 차 전문가가 알려주는
## 365일 특별한 티타임!

글 최성희 | 사진 이욱

중앙생활사

## 책머리에

교직에 있을 때 시작한 차 연구가 평생의 취미활동과 연관되어 즐거운 삶의 후반부를 함께하게 되었습니다. 일본 오차노미즈ぉ茶の水여자대학 유학 시절 대학원 석사과정 은사님이신 야마니시 테이山西 貞 교수님과의 인연으로 차를 연구하게 되었는데, 제가 석사학위를 받은 후 그분이 정년퇴직하시는 바람에 박사과정은 도쿄대학으로 옮겨서 하였습니다. 석·박사과정의 연구 경험은 귀국하여 매진한 식품 성분과 효능 연구의 밑거름이 되었습니다. 귀국 후 연구는 녹차로 시작했고 반발효차, 홍차를 거쳐 허브차류까지 진행하다 퇴임했습니다.

유학 시절부터 예쁜 차 도구에 조금씩 눈을 떴지만 본격적으로 앤티크 찻잔에 몰두하게 된 것은 홍차 연구를 시작하면서부터입니다. 2018년 가을에《홍차의 비밀》을 출간한 후로도 허브차류를 비롯하여 다양한 차 종류를 가지고 거의 매일 아침 간단한 차 세팅을 진행해왔으며, 차 세팅에서 메모한 차의 품평과 나라별, 브랜드별, 시대별로 다양한 찻잔의 정보들이 모여 방대한 자료로 남게 되었습니다.

찻잔 개수는 영국, 독일, 프랑스, 일본, 미국, 러시아, 덴마크, 헝가리, 스웨덴, 오스트리아, 체코슬로바키아, 네덜란드, 스페인, 노르웨이, 포르투갈 등의 순이지만 영국 찻잔의 비율이 현저하게 높았습니다. 그래서 영국의 앤티크와 빈티지 등을 중심으로 사진을 선별하고 체계적으로 분류하여 이번에는 영국 찻잔만으로 책을 펴내지만 앞으로 나라별 시리즈로 출간하고자 합니다.

앞서 출판된 책이 차에 대한 과학적 관점에서 썼다면 이 책은 인문학적 관점에서 썼다고 볼 수 있습니다. 차의 성분과 효능도 중요하지만, 차를 담는 잔과 관련된 수많은 일화와 심미적 감각 또한 차 생활을 한층 우아하게 만드는 요소라고 생각합니다.

특히 근래 들어 서구에서 아주 많은 앤티크-빈티지 찻잔이 수입되어 애호가들이 많이 늘어났고, 전국 곳곳에 홍차 앤티크 카페가 우후죽순처럼 들어서고 있습니다. 그래서 이번에는 찻잔 브랜드와 브랜드별 백스탬프부터 앤티크의 연대를 감별하는 법 등 기초적인 식견과 그에 따른 일화들을 체계적으로 함께 엮어 간략하게 소개함으로써 차 생활에 더욱 재미있고 유익한 정보를 독자들에게 제공할 수 있기를 바랍니다.

4년 동안 1천여 종의 차류를 시음해보았는데 좋은 차류를 선택해 구매하거나 호기심에서 구매하기도 하고, 선물받은 것도 있습니다. 그래도 부족한 것은 차류끼리 직접 블렌딩하거나 다른 식품 재료들을 혼합하기도 했습니다.

한편, 차 세팅 사진 속의 차류와 찻잔은 모두 다른 것들인데 함께한 소품들은 중복되기도 하고 영국 이외 나라의 제품도 있습니다.

앤티크 찻잔은 그냥 볼 때도 예쁘지만 차를 담으면 더 예쁘고 보면 볼수록 그 매력에 빠져들게 됩니다. 시대별, 브랜드별로 다양한 특색이 있지만 컬렉션을 하다 보니 선호하는 종류도 분명해졌습니다.

비싼 찻잔들을 백화점에서 구매하지 않아도 적당한 가격으로 구매하는 방법도 알게 되었습니다. 이 정도 호사는 평생 열심히 산 저를 위한 선물이라고 생각합니다. 퇴임한 후에는 학교 연구실을 집으로 옮겨 책도 쓰고 소규모 차 교육도 하면서 즐기게 되었는데, 이는 앤티크 찻잔이 있어 가능한 일이었습니다.

연구실 이름은 가족들과 합심해 '티토리얼Teatorial'이라고 지어졌는데, Tea차와 Tutorial사용지침의 합성어로 19세기 런던 브라운즈 호텔Brown's Hotel의 'Tea-Tox Afternoon Tea'에서 영감을 받았습니다. 교직에 있을 때 수행한 차의 성분과 효능 연구를 바탕으로 건강 차, 티푸드, 앤티크 차 도구를 접목하여 차 교육 프로그램도 운영하고 있습니다.

2023년 5월 하동에서 '세계차 엑스포'가 열리는 것과 연관하여 2022년 두 차례 차 생산자님들을 위한 특강을 준비하면서 일본에 계시는 은사님의 근황이 궁금해졌습니다. 은사님은 80세에 한국을 방문하셨고 90세에는 전화 통화도 가능했지요. 살아 계시면 106세, 코로나19 이후로 소식을 못 들었는데, 연구실 후배들에게 알아보니 108세 차수茶壽를 향해 카운트다운을 하고 계신다는 소식에 감동받았습니다.

이 책이 나오기까지 감사해야 할 사람들이 많습니다. 아침마다 차의 품평과 찻잔 감상에 동참하고 좋은 사진을 남기게 해준 남편과 성원해준 가족 덕분에 잘 마무리했습니다. 책을 낼 때 부제를 '차 세팅에 정을 담다'라고 하고 싶었습니다.

제 세팅에는 정이 가득 들어 있습니다. 먼저 차와 찻잔을 공수해주신 국내외 셀러님들입니다. 국내 제다원에서 좋은 차를 생산해주셨고 앤티크에서도 멋진 제품들을 싸게 보내주셨으며 소품들도 선물해주셔서 즐겨 사용했습니다.

사는 곳이 다르다 보니 시차가 있는데도 카톡으로 많은 대화를 나누다 친구가 된 분들도 있는데 찻잔을 볼 때마다 그분들이 떠오릅니다. 한 분 한 분 소개하지 못하지만 진심으로 감사드립니다.

제가 활동하고 있는 앤티크와 차 밴드의 국내외 친구들도 빼놓을 수 없습니다. 그분들이 제가 퇴임한 후 제자들이 떠난 자리를 채워준 것 같습니다. 차 세팅에는 그분들이 선물한 것들도 곳곳에 보입니다. 언니, 동생, 친구로 지내는 사이가 되어 감사합니다. 지금까지도 잊지 않고 연락하는 제자와 옛 동료들, 학회분들, 친구들, '티토리얼'을 방문해주시는 차인들 모두 감사합니다.

마지막으로 여러 가지 이유로 출판계 사정이 어려운데도 흔쾌히 출판을 수락하여 이 책이 빛을 볼 수 있도록 해주신 중앙생활사 김용주 대표님과 한옥수 부장님을 비롯한 편집부 여러분께 진심으로 감사드립니다.

최성희

## 책을 읽기 전에 보면 도움이 되는 메시지

## 차 관련 편

1. 차의 품평은 주로 찻물색, 향기, 맛을 표현하였는데 향미는 향기와 맛을 동시에 표현한 것으로 차의 특징에 나타냈다. 사용한 차류는 국내외 잎차, 티백차 등 다양한데, 모두 다 품질이 좋은 것은 아니어서 어떤 것은 탐구 차원에서 마셨다. 차는 기호 음료라 객관적으로 표현하고자 했으나 성격상 혹평은 자제하였다.

2. 수십 년간 차의 성분과 효능을 분석한 연구자의 관점에서 볼 때 피해야 할 차류는 태운 차이다. 그 이유는 차는 찌거나Steaming 덖는 것Parching이지 볶는 것Roasting이 아니기 때문이다. 그다음은 자연 재료가 아닌 향료에 지나치게 의존한 가향차이고 마지막으로 검정받지 못한 재료를 사용한 차식약처에 등록되지 않은 재료로 만든 차 등이다.

3. 차 종류에 따라 우리는 정통적 방법이 있지만, 일상에서 도구들을 다 갖추지 않더라도 우릴 수 있는 실용적인 방법을 선택하였다. 실제 우린 방법 이외의 레시피는 차통에 쓰여 있는 것을 참고로 적어두었다.

# 앤티크, 빈티지 포슬린 편

1. 앤티크Antique는 흔히 100년 이상은 되었으나 사용이 가능한 것을 말하고 수십 년 전의 것은 빈티지Vintage라고 한다. 이 책에서는 가능하면 앤티크와 빈티지를 사용하고자 하였으나 다소 최근 것도 등장한다. 식사 상차림은 테이블 웨어Table Ware라고 하지만 차 상차림은 티 웨어Tea Ware라고 한다.

2. 차 세팅에서 찻잔을 중요시했으며 나머지 소품들은 같은 브랜드의 세트일 수도 있지만 아닌 경우가 더 많으며, 국적을 불문하고 다른 브랜드의 차 도구 등으로 조화를 이루고자 했다. 차 세팅 설명의 서두에서 대개 "찻잔은~" 하는데, 차 종류에 따라 커피잔이 되기도 하지만 편의상 "찻잔은~"으로 하였다.

3. 찻잔과 찻잔 받침을 듀오Duo라고 한다. 받침은 소스Saucer라고 하는데, 유럽에서 찻잔이 처음 생산될 때 받침은 볼종지처럼 생겨 소스를 담아도 되었기 때문이다. 찻잔, 소스, 접시로 구성되는 세트는 트리오Trio라고 한다.

4. 목차 순서는 수지 쿠퍼Susie Cooper를 제외하고는 티 세팅 사진이 많은 찻잔의 브랜드 순서대로 나열하였다. 차와 앤티크 그릇을 다루며 다소 낯선 용어들이 나오는데 가능하면 비고란에 적어두었지만 부족한 부분은 관련 전문서나 저자가 앞서 출간한 《홍차의 비밀》을 참고하기 바란다.

# contents

# 1
# 수지 쿠퍼와 클라리스 클리프

## 수지 쿠퍼의 역사와 중요 포인트

수지 쿠퍼Susie Cooper, 1902~1995는 1920년대부터 1980년대까지 영국의 스토크온트렌트Stoke-on-Trent를 본거지로 하여 도자기 디자이너로 활동하였다. 그 당시에는 모던하고 획기적인 디자인으로 주목받았으며 모던한 감각은 요즈음 내놓아도 손색이 없을 정도다. 1922년에 Gray & Ltd.앨버트 그레이가 1912년에 설립한 도자기 회사에 합류하여 7년간 활동하였다.

이 시기 작품은 색상이 밝아 생동감 있는 아르데코Art Deco 형태의 입체적인 핸드 페인팅 기법으로 만들었는데, 그녀보다 3년 먼저 태어난 영국의 도자기 작가 클라리스 클리프Clarice Cliff, 1899~1972의 작품과 색상이 비슷한 느낌도 있다. 화려하고 입체적인 아르데코 패턴은 1920년대 말에서 1930년대 초까지 가장 활발하게 유행하였다.

수지 쿠퍼는 1929년 자신의 회사를 설립한 뒤 1966년 웨지우드로 넘어갈 때까지 연대별로 본인만의 독특한 기법을 사용해 많은 작품을 남겼으며, 도공이 주도하던 영국의 도자기 문화에서 디자이너가 주도하는 문화를 선보여 훗날 북유럽 도자기 문화에 큰 영향을 미쳤다.

1932년에 토기 재질로 컬루Curlew, 도요새의 일종 셰이프와 케스트렐Kestrel, 황조롱이새 셰이프를 도입한 테이블 웨어를 만들었다. 수지 쿠퍼가 새 모양 또는 동물 모양을 도자기에 도입한 것은 매우 경이로운 시도였는데, 특히 커피포트나 티포트를 케스트렐의 몸체 모양을 연상시키게 만들고, 물이 나오는 주둥이spout 부분을 새 주둥이처럼 디자인한 것은 획기적인 일이었다. 1979년에 엘리자베스 2세 여왕으로부터 대영제국 훈장OBE: The Most Excellent Order of the British Empire을 받았다.

수지 쿠퍼가 세운 공장의 이름은 크라운 웍스Crown Works로 백스탬프에도 등장하며 웨지우드사로 넘어가서도 존재했지만 1979년에 문을 닫았다. 영국에는 도자기 브랜드가 많으나 수지 쿠퍼의 일대기와 작품을 보고 존경하는 마음에 이 책에서 첫 번째 자리를 할애하였다.

참고로 클라리스 클리프 역시 1922년부터 1963년까지 영국에서 활동한 여성 도자기 작가이다. 그 시대에 독창적인 재능과 능력을 보여주며 도자의 예술적 분야에서 지도자로 떠올랐으며, 작품성 있는 세계를 구축하였다.

- **차 세팅** 찻잔은 개선된 Rex 고양이 셰이프 1935년산의 세트로 수지 쿠퍼 특유의 감성적인 꽃 그림인 드레스덴 스프레이 Dresden Spray 패턴을 도입하였다.

- **차 브랜드** 미국 하니앤손스 Harney & Sons, 생강차 Ginger Tea

- **구성** 생강뿌리, 레몬필 껍질, 검은후추

- **차 우리기** 1티백 2g, 300mL, 100℃, 5분

- **차의 특징** 찻물색은 담황색이며 약간 달콤한 향이 나지만 생강 향이 우세하였다. 약간의 단맛과 생강맛이 났다.

- **비고** 하니앤손스는 1983년 뉴욕 근교에서 창업하였으며 차 생산국에서 최고급 찻잎을 제공받아 소비자들이 만족하는 차를 생산하고 다양한 허브와 블렌딩한 제품도 많이 출시하고 있다.

www.harney.com

- **차 세팅** 찻잔은 본차이나1951~1966년산, 와일드 로즈Wild Rose 패턴의 데미 타세Demi Tasse 잔이다. 데미 타세 잔은 데미절반, 타세컵, 아라비아어 유래, 반 잔80~100mL 용량을 의미한다.
- **차 브랜드** 스리랑카 베질루르Basilur, 화이트 매직 그린
- **구성** 녹차, 오룡차, 향료밀크
- **차 우리기** 1티백, 300mL, 90°C, 3분레시피: 80°C, 2~3분
- **차의 특징** 찻물색은 연한 황록색으로 크림 향을 띠며 부드럽고 크리미한 맛이었다.
- **비고** 베질루르는 스리랑카에서 제조되므로 자국 차인 실론차를 주로 취급한다. 캔으로 만든 차 케이스가 예뻐서 장식용으로 좋지만 가향차의 경우, 가향 처리가 다소 과한 느낌이 들며 녹차는 대엽종을 사용해 우리 입맛에는 약간 부족한 감이 있다.

www.basilurtea.co.nz

- **차 세팅** 찻잔은 본차이나1951~1966년산, 텔레즈만Talisman, 부적 패턴이며 티포트는 영국 새들러의 크레놀린 형태이다.

- **차 브랜드** 일본 애프터눈 티Afternoon Tea

- **구성** 홍차, 향료사과

- **차 우리기** 1티백3g, 300mL, 100°C, 3분

- **차의 특징** 찻물색은 어두운 주홍색으로 사과 향미이며 떫지 않고 무난한 맛이었다.

- **비고** 애프터눈 티는 일본의 여러 곳에서 볼 수 있는 잡화 스타일 숍이며 티룸도 있다. 일본 여행 중 부담 없이 브런치나 애프터눈 티를 즐길 수 있다.

www.afternoon-tea.net

- **차 세팅** 찻잔은 본차이나1951~1966년산, 애플 게이Apple Gay 패턴의 트리오로 이 잔은 웨지우드로 넘어가서도 생산되었다.

- **차 브랜드** 캐나다 티 스토리

- **구성** 녹차

- **차 우리기** 1티백, 300mL, 90˚C, 3분레시피: 3~5분

- **차의 특징** 찻물색은 맑은 연두색이며 묵은 녹차 향미를 띠었다.

- **차 세팅** 찻잔은 본차이나1951~1966년산 트리오로 서양철쭉Azalea 패턴
이며 꽃병으로 사용한 티포트는 케스트렐1933~1936년산 셰이프이다. 3년
동안 케스트렐 셰이프를 본격적으로 집중 생산하였으며 1950년대 초
까지도 계속 생산되었다.
- **차 브랜드** 인도 산차 티 부티크San-Cha Tea Boutique, 프렌치 얼그레이
French Earl Grey
- **구성** 홍차, 녹차, 향료바닐라
- **차 우리기** 1티백, 300mL, 100°C, 3분
- **차의 특징** 찻물색은 어두운 주홍색이며 달콤한 향과 바닐라 향 속
에 묵은 향이 따라왔다. 맛은 약간 떫은맛이 났지만 진하지는 않았다.
- **비고** 1981년 창립된 산차 티 부티크는 인도를 대표하는 브랜드이
다. 우리나라에서는 압끼빠산드 산차로 수입되어 부산에 본점이 있다.
고품질의 인도산 홍차류가 많으며 허브 혼합차도 있다.

- **차 세팅** 찻잔은 본차이나1951~1966년산, 메추라기새Quail 셰이프의 서양철쭉Azalea 패턴 세트이다.
- **차 브랜드** 러시아 그린필드GreenField의 서머 부케Summer Bouquet
- **구성** 로즈힙, 히비스커스
- **차 우리기** 1티백, 300mL, 100℃, 3분
- **차의 특징** 찻물색은 자홍색이며 새콤달콤한 향미였으나 신맛이 강하였다. 이는 향료를 첨가한 것이 아니라 실제 로즈힙과 히비스커스를 사용하였기 때문이다. 우린 차 150mL에 자가제 살구청 50mL를 첨가하니 찻물색이 옅어지고 신맛이 줄어든 반면 단맛은 증가하여 편하게 마시게 되었다.
- **비고** 그린필드는 러시아 브랜드로 주로 인도산이나 실론차로 제품을 생산하며 유럽을 중심으로 많이 소비되고 있다.

- **차 세팅** 찻잔은 트리오와 티포트 세트 모두 본차이나[1951~1966년산]이며 메추라기새 셰이프이다.

- **차 브랜드** 미국 리시티Rishi Tea의 허브차, 스트로베리 툴시Strawberry Tulsi

- **구성** 백차, 사과, 로즈힙, 딸기, 툴시Tulsi, 홀리 바질, 랩스베리, 스피어민트, 향료바질

- **차 우리기** 1티백, 300mL, 90°C, 5분[레시피: 190°F로 되어 있으며 환산하면 약 87°C가 됨]

- **차의 특징** 찻물색은 황갈색이며 건조차가 달콤한 향과 스피어민트 향이 강한 데 비해 찻물은 달콤한 향이 약하고 민트 향이 우세하며 약한 신맛을 띠었다.

- **비고** 리시티는 미국의 차 브랜드로 홍차 이외에 녹차, 허브차 등 다양한 차를 취급한다. 유기농 재료를 사용하는 것으로 유명하다.

- **차 세팅** 찻잔은 본차이나<sub>1951~1966년산</sub>, 데미 타세 잔으로 치자꽃 Gardnia 패턴이다. 커피포트는 케스트렐 셰이프<sub>1933~1966년산</sub>의 스완지 드레스덴 스프레이 Swansea Dresden Spray 패턴으로 소형이다.

- **차 브랜드** 중국 의방, 고수차

- **구성** 2017년산 보이 생차

- **차 우리기** 2g, 200mL, 100℃, 3분

- **차의 특징** 찻물색은 황색이며 곰팡이 냄새가 났지만 청향이었다. 맛은 곰팡이맛, 풋풋한 맛이었고 뒷맛은 단맛이 났다.

- **차 세팅** 티웨어 세트총각용: Bachelor Tea Set는 케스트렐 셰이프1951년산
인 말미잘Sea Anemone 패턴이다.
- **차 브랜드** 프랑스 메종 브아시에Maison Boissier의 가향차
- **구성** 녹차, 장미, 콘 플라워, 향료오렌지, 기타 향료벚꽃, 열대과일, 붉은 과일
- **차 우리기** 1티백, 300mL, 90°C, 5분
- **차의 특징** 찻물색은 황록색이며 초콜릿 향이 났고 맛은 약간 떫었다.
- **비고** 메종 브아시에는 1827년에 창립한 파리 최고의 제과점으로
차도 생산한다.

- **차 세팅** 찻잔은 수지 쿠퍼의 본차이나1951~1966년산, 캔 셰이프이며 티포트는 케스트렐 셰이프1935년산, Crown Works의 도기Earthenware로 참나리Tiger Lily 패턴이다. 티푸드 접시는 독일 KPM 찻잔의 소스이다.

- **차 브랜드** 독일 달마이어Dallmayr, 얼그레이

- **구성** 홍차

- **차 우리기** 1티백1.75g, 300mL, 90℃, 3분레시피: 3~5분

- **차의 특징** 찻물색은 주홍색이며 자연스러운 베르가못 향미를 띠었다. 브로컨 상태라 약간 떫은맛이 났다.

- **비고** 달마이어는 독일 뮌헨에 있는 커피와 차 브랜드로 다른 식재료들도 판매한다. 바이에른왕국에 차와 커피를 납품했을 정도로 역사와 전통이 깊다.

- **차 세팅** 찻잔은 본차이나1952년산 트리오이고 수탉 그림이 잔 안에 있다. 수지 쿠퍼 작품 중에 수탉 그림은 대단히 귀하다. 차 색깔을 잘 볼 수 없어서 중국산 작은 잔에 같은 차를 담았다.
- **차 브랜드** 영국 윌리암슨Williamson, 잉글리시 브렉퍼스트, 둥근 티백 홍차
- **구성** 홍차
- **차 우리기** 1티백, 300mL, 100°C, 3분
- **차의 특징** 찻물색은 주홍색이며 전형적인 홍차 향미를 띠고 약간 떫은맛이었다.
- **비고** 윌리암슨은 1869년에 창업한 영국의 홍차 브랜드로 홍차 대부분은 케냐의 자회사 다원의 차를 이용하며 코끼리 모양 차통이 일품이다. 차 농장에 태양광 발전 시스템을 설치하는 등 자연환경 보전을 추구하는 기업이다.

• **차 세팅** 찻잔은 본차이나1951~1966년산 트리오이며 메추라기새 셰이프의 티포트와 꽃병으로 밀크 저그이후 저그라고 함를 사용하였다.

• **차 브랜드** 미국 데이비슨스Davidson's, 툴시-진저 레몬

• **구성** 생강, 레몬 머틀Lemon myrtle

• **차 우리기** 1티백, 300mL, 100℃, 5분

• **차의 특징** 찻물색은 담황색이며 레몬 향과 생강 향이 나고 거부감이 없는 맛이었다.

• **비고** 툴시는 인도 유래 아유르베다 의학에서 신성시하는 허브이다. 레몬 머틀은 잎과 열매를 요리에 사용하는데, 거담 작용, 수렴 및 요도 살균 등의 효과가 있다.

- **차 세팅** 찻잔은 본차이나1951~1966년산의 캔 셰이프이다.
- **차 브랜드** 왼쪽은 캐나다산 당밀 녹차, 오른쪽은 당밀 브렉퍼스터
- **구성** 왼쪽 녹차, 오른쪽 홍차, 가운데 당밀
- **차 우리기** 왼쪽은 1티백, 250mL, 80℃, 3분, 오른쪽은 1티백, 250mL, 100℃, 3분
- **차의 특징** 당밀 녹차의 찻물색은 황록색이고 달콤한 향이 많이 났으며 맛은 덜 달았다. 당밀 홍차의 찻물색은 주홍색이고 향기는 달콤했지만 맛은 향만큼 달지는 않았다.

- **차 세팅** 찻잔은 파인 본차이나1966년 이후 산의 캔 셰이프이고 토성 Saturn 패턴으로 기하학적인 무늬이며 웨지우드 그룹의 백스탬프이다.
- **차 브랜드** 영국 포트넘 앤 메이슨Portnum & Mason의 현미녹차
- **구성** 일본 시즈오카산 녹차50%, 볶은 현미50%
- **차 우리기** 4g, 400mL, 90℃, 3분레시피: 85℃, 2~3분
- **차의 특징** 찻물색은 연녹색이며 녹차의 풋풋한 향과 아울러 현미의 구수한 향이 우세하였고 맛도 구수하고 부드러웠다.
- **비고** 포트넘 앤 메이슨은 1707년 식료품점으로 시작했으며 세계 3대 차 브랜드로 인정받고 있다. 빅토리아 여왕 시대부터 홍차를 비롯하여 식료품을 왕실에 납품하였다. 런던에 있는 본사는 티룸도 있어 세계인이 즐기는 명소가 되었다. 2017년 신세계백화점에 입점했다.

- **차 세팅** 찻잔 트리오와 티포트 등의 세트는 본차이나1966년 이후 산 캔 셰이프이며 웨지우드의 검정 항아리 로고에 수지 쿠퍼 디자인이라고 적혀 있다. 글렌 미스트Glen Mist 패턴은 푸른색 양귀비Blue Poppy이다.

- **차 브랜드** 뉴질랜드 티니Teany의 허브차, 바이탈라이즈Vitalise, 유기농 보성 녹차

- **구성** 로즈힙30%, 사과, 블랙베리잎22%, 레몬밤22%, 오렌지껍질, 오렌지 향료4%

- **차 우리기** 허브차 1티백, 녹차 2g, 400mL, 90℃, 2분

- **차의 특징** 찻물색은 엷은 황갈색이며 감귤류의 향이 나고 약한 신맛과 상큼한 맛을 띠었다. 오렌지 향이 입안을 감돌았다.

- **비고** 뉴질랜드의 티니teany.co.nz는 신체 기능성별로 5가지 차를 출시하였다. 티포트의 캔Can 셰이프 디자인은 수지 쿠퍼가 했으며 1957년 처음 생산되었다.

- **차 세팅** 찻잔과 티포트 등의 세트는 웨지우드의 본차이나1972~1987
년산, 붉은 양귀비꽃Corn Poppy 패턴이고 검정 항아리 로고에 수지 쿠퍼
디자인이라고 적혀 있다. 이 패턴은 수지 쿠퍼가 웨지우드로 넘어간
후 최고 히트 상품 중 하나이다.
- **차 브랜드** 뉴질랜드 티니
- **구성** 녹차75%, 생강15%, 레몬그라스10%
- **차 우리기** 1티백, 300mL, 100°C, 3분레시피: 100°C, 3~5분
- **차의 특징** 찻물색은 연한 황록색이며 생강 향이 올라오고 상큼한
향을 띤다. 맛도 생강맛이지만 맵거나 떫지는 않았다.
- **비고** 이 차는 스리랑카에서 제조되었으며 효능은 리바이브Revive로
활력을 주는 차이다.

# | 클라리스 클리프 |

- **차 세팅** 찻잔은 클라리스 클리프가 제작1931년산한 아르데코 셰이프
의 샤프란Crocus 패턴의 트리오이다.
- **차 브랜드** 국내 하동 죽로차
- **구성** 하동 녹차, 자가제 햇냉이차0.4g
- **차 우리기** 2g, 300mL, 90°C, 3분
- **차의 특징** 찻물색은 연한 황록색이며 냉이 향이 나는 자연스러운
녹차 향미를 띠었다.

- **차 세팅** 찻잔은 클라리스 클리프가 제작1930년산한 옥수수Sweet Corn
패턴의 트리오이다.

- **차 브랜드** 중국 광둥성 영덕 홍차인 영홍구호

- **구성** 홍차

- **차 우리기** 3g, 400mL, 100℃, 3분

- **차의 특징** 건조차에 골든 팁이 제법 들어 있었다. 찻물색은 진한 주
홍색으로 달콤한 향과 발효 향이 났으며 단맛을 띠었으나 100℃로 우
리면 다소 떫은맛이 났다. 우린잎에도 달콤한 향이 남아 있었다.

## 셀리의 역사와 중요 포인트

1827년 존 스미스John Smith가 폴리 도자기Foley Potteries 공장을 설립한 것이 시초가 되었다. 1860년 헨리 와일만Henry Wileman이 오리지널 이름에 이어 폴리 차이나Foley China라 하고 1864년에는 제임스James와 찰스Charles라는 두 아들에게 사업을 맡기고 은퇴하였다.

1870년에 찰스가 은퇴한 후 1872년에 회사 이름을 와일만컴퍼니로 변경하였고, 도자기 생산의 파트너로 조셉 셀리Joseph Shelley를 영입했다. 1881년에는 셀리의 아들 퍼시Percy가 사업에 가담하였으며 제임스 와일만도 회사를 떠났다.

퍼시 셀리는 일반적이고 유용한 도자기에서 탈피하여 심미적인 도자기를 생산하면서 회사의 명성을 높였다. 1910년까지는 The Foley China라는 백스탬프를 사용하였고 1910년부터 1916년까지 Late Foley Shelley에 이어 1925년부터 회사 이름을 셀리Shelley로 바꾸었다.

이 시기에 셀리의 특별한 데인티 셰이프dainty white shape, 디자인: Rowland

Morris가 생산되었고 1926년에는 퀸 앤Queen Anne 셰이프가, 이후 아르데코 스타일인 모드Mode와 보그Vogue 셰이프를 에릭 슬레이터Eric Slater가 디자인하는 등 다양한 잔 셰이프로 유명하다. 우아하고 특이한 이들은 셸리의 패턴북에서 만날 수 있다. 셸리라는 이름은 1966년 사라졌다.

한편, 본차이나Bone China는 1910년부터 셸리의 상품명으로 사용되었지만 파인 본차이나Fine Bone China는 1945년부터 백스탬프에 쓰였다. 그래서 1945~1966년 백스탬프는 당연히 파인 본차이나이기 때문에 이 표기는 이 책에서 생략한다. 국내에서 셸리가 알려진 지는 오래되지 않았지만 선호하는 애호가들이 많다.

- **차 세팅** 찻잔과 티웨어 세트는 와일만Wileman의 알렉산드라Alexandra 셰이프1886년산, Rd. 60650 트리오와 슈거볼 및 저그로 구성되어 있다.
- **차 브랜드** 스리랑카 톡소틱Toxotic의 차이Chai, 포트넘 앤 메이슨 Portnum & Mason의 퀸 앤 홍차이 차를 혼합한 이유는 실론차인 차이를 좀 더 부드럽게 마시기 위해서임
- **구성** 홍차, 생강, 계피, 흑후추, 정향, 육두구, 카다몬
- **차 우리기** 1티백, 홍차 2g, 500mL, 3분
- **차의 특징** 찻물색은 어두운 주홍색이고 각종 향신료의 향과 맛이 났다.
- **비고** Rd.는 영국의 디자인 등록번호English Registry Numbers이다. 참고로 1884년에 Rd. 1이고 1984년은 Rd. 1017131이며, 숫자로 생산연도를 알 수 있다.

- **차 세팅** 찻잔은 와일만의 더 폴리 차이나The Foley China, 1893년산, Rd. 208329로 깊이가 있는 데미 타세 잔이고 티포트는 일본산 노리다케 Noritake이다. 뚜껑 있는 슈거볼은 영국 민튼Minton의 아드모어Ardmore ivory/ turquoise이다.

- **차 브랜드** 국내 오설록 캐모마일차, 영국 포트넘 앤 메이슨의 남산

- **구성** 캐모마일차, 장미홍차

- **차 우리기** 캐모마일차 1티백0.6g, 홍차 2g, 300mL, 100℃, 3분

- **차의 특징** 찻물색은 주황색이며 캐모마일 향이 지배적이었다. 본래 남산은 우리나라 차인들을 위해 만든 것으로 장미 향을 내려고 향료 대신 자연산 장미꽃만 넣어서 향이 약하지만 자연스럽다.

- **차 세팅** 찻잔은 와일만의 엠파이어 Empire 셰이프 1890~1910년산 이다.
- **차 브랜드** 국산 엘더꽃 Elderflower 차, 이탈리아 피렌체 라비아데테 La via de te, 일본 증제 녹차
- **차 우리기** 녹차 1.5g, 엘더꽃차 0.5g, 250mL, 100°C, 3분
- **차의 특징** 찻물색은 담황색이며 현미녹차와 같은 느낌이었으나 더 향긋했다.
- **비고** 엘더는 우리나라에서 딱총나무라고 한다. 꽃과 열매 Elderberry 는 땀을 유도하고 독성을 배출시켜 염증을 완화해준다. 감기와 인플루엔자, 점막 염증에 도움을 준다.

- **차 세팅** 찻잔은 높은 데인티Tall Dainty 셰이프1896년산, Rd. 272101이고 티
포트 역시 같은 연대의 셸리이며 꽃병은 올드 로열 우스터이다.
- **차 브랜드** 국내 쌍계제다, 보성 몽중산
- **구성** 국산 캐모마일차, 보성 발효차
- **차 우리기** 1티백0.7g, 발효차 1.3g, 300mL, 100℃, 3분
- **차의 특징** 찻물색은 주황색이며 캐모마일 향이 약하고 맛도 약한
편이나 뒷맛으로 캐모마일맛이 났다.

- **차 세팅** 찻잔은 셸리의 와일만, 더 폴리 차이나1890년산, Rd. 153694의 트리오이며 바이올렛Violet 셰이프의 이마리伊万里 패턴이다.
- **차 브랜드** 국내 오설록 제주 동백꽃차
- **구성** 후발효차, 향료동백꽃
- **차 우리기** 1티백1.5g, 200mL, 90℃, 2분레시피: 1티백, 150mL, 90℃, 2분
- **차의 특징** 표지에는 향긋한 열대과일의 풍미를 품은 동백꽃 블렌디드 티라고 적혀 있다. 건조차에서는 주정 냄새가 났다. 찻물색은 주황색이며 약한 꽃 향과 달콤한 향이 있고 단맛이 났다.
- **비고** 가향은 동백꽃 향 혼합소재주정, 정제수, 합성 향를 사용했다.

- **차 세팅** 찻잔은 더 폴리 차이나1904년산, Rd. 447136의 앤티크 셰이프로 앵귤러형Angular형 손잡이가 있다. 장식 접시는 영국 엘리자베스 여왕 즉위 25주년 기념H.M. Queen Elizabeth II으로 1977년Royal silver jubillee에 생산된 웨지우드의 재스퍼 웨어이며 뚜껑 볼은 영국산 앤슬리이다.

- **차 브랜드** 인도 프리미어스Premier's티의 컨티넨탈 실렉션 닐기리Nilgiri 홍차

- **구성** 홍차닐기리

- **차 우리기** 1티백, 300mL, 100℃, 3분레시피: 2∼3분

- **차의 특징** 찻물색은 주황색이며 전형적인 홍차 향에 약간 떫은맛이 있었다. 티백 안에는 잘게 부서진 패닝 형태의 홍차가 들어 있었다.

- **비고** 프리미어스는 한국에 정식 수입되는 인도 브랜드이다. 1988년에 창립되었으며 본사는 주요 홍차 산지인 다즐링과 아삼 지역 가까이에 있다. 티 테이스터Tea Taster가 엄선한 고품질 차를 제공하고 있다.

- **차 세팅** 찻잔은 밀턴Milton 셰이프1910년산이고 티푸드 접시로 사용한 것은 콜포트Coalport이며 꽃병은 올드 로열 우스터Royal Worcester의 블러시 아이보리blushed Ivory이다.
- **차 브랜드** 국내 오설록 제주 화산암차
- **구성** 유기농 반발효차
- **차 우리기** 2g, 300mL, 90°C, 3분
- **차의 특징** 찻물색은 옅은 주황색이며 중국산 무이암차와 비슷한 느낌의 향미를 띠었다. 건조차는 붉은빛이고 약간 달콤한 향이 났다.
- **비고** 이 차는 한라산 화산암석층에서 자라 향미가 풍부한 찻잎을 따뜻한 바람으로 발효시켜 깊이를 더한 반발효차이다.

• **차 세팅** 찻잔은 후기 폴리Late Foley 셸리1910~1916년산의 트리오이며 이 마리 패턴이고 소품으로 사용한 피겨린Figurine은 로열 덜튼Royal Doulton 의 퀼트 만드는 여인1945년산이다.

• **차 브랜드** 일본 로열 코펜하겐에서 출시한 머스캣 녹차Green Tea Muscat

• **구성** 녹차, 향료머스캣

• **차 우리기** 1티백2.5g, 300mL, 90℃, 3분

• **차의 특징** 찻물색은 황록색이고 머스캣 향이 강했으며 맛은 부드 러웠다.

• **비고** 포장을 개봉하니 머스캣의 합성 향이 강하고 우린잎에도 향 이 강하게 남아 있었다.

- **차 세팅** 찻잔은 아르데코, 보그Vogue 셰이프1930년산, Rd. 756887이고 선 레이SUN RAY 패턴의 트리오이다.
- **차 브랜드** 영국 트와이닝즈Twinnigs 티
- **구성** 루이보스차, 향료캐러멜
- **차 우리기** 1티백2g, 300mL, 100℃, 3분레시피: 3~4분
- **차의 특징** 찻물색은 주황색이고 초콜릿 향이 강하며 초콜릿맛이 다소 약했다.
- **비고** 트와이닝즈는 1706년 창업한 이래 300년이 훌쩍 넘은 브랜드로 창업자 토머스 트와이닝이 최초의 홍차 전문점을 열었으며 1787년부터 트와이닝즈라는 명칭을 사용하였다. 얼그레이의 변형인 레이디 그레이는 널리 알려져 있다.

- **차 세팅** 찻잔은 아르데코, 모드Mode 셰이프1930년산, Rd. 756533의 커피잔이고 커피포트와 소품들도 세트이다. 이 세트는 영국의 로레이즈LAWLEYS, 리치 마케팅사와 더블 백스탬프이다.
- **차 브랜드** 영국 오프블랙OFFBLAK 제너레이션Generation T사, 삼각 피라미드형 샤셰Sachet. http://offblak.com
- **구성** 블루베리 & 민트, 루이보스60%, 사과 조각, 히비스커스, 스피어민트, 빌베리, 향료
- **차 우리기** 1티백2.5g, 300mL, 100℃, 5분
- **차의 특징** 찻물색은 주홍색이고 스피어민트 향을 띠나 베리의 쿰쿰한 냄새와 탄 향이 있었으며 풍선껌맛이 났다.
- **비고** 오프블랙은 찻물색이 블랙에서 약간 벗어났다는 데서 유래했으며 제너레이션 T는 웰니스를 추구하는 영국 신세대의 라이프 스타일 차 브랜드를 의미한다.

• **차 세팅** 찻잔은 리폰Ripon 셰이프1937~1966년산, 친즈 골드라인인 서머
글로리Summer Glory 패턴이고 소품은 미국산 셔벗잔이다.

• **차 브랜드** 스리랑카 베질루르

• **구성** 키위, 아마란스, 시나몬, 아몬드, 합성향료

• **차 우리기** 2g, 300mL, 100°C, 3분

• **차의 특징** 찻물색은 연한 주황색이며 꽃 향과 구수한 향이 났다. 전
반적으로 강한 향이 거부감을 주었지만 맛은 약간 신맛이 나고 거부
감은 없었다.

• **비고** 차가 들어 있는 캔은 보석 컬렉션Treasure collection 중 하나인데
차로아이트Charoite, 반투명의 라벤더색이 나는 진주 광택의 규산염 광물가 그려져 있
다. Global trade corporation Ltd.에서 생산된다.

- **차 세팅** 찻잔은 헨리Henley 셰이프1938~1966년산이고 서머 글로리 패턴이며 무광 검은색이다. 소품인 쇠주전자는 일본산이다. 티푸드 접시는 로열 우스터의 블러시 아이보리이다.
- **차 브랜드** 국내 오설록 차
- **구성** 캐모마일차
- **차 우리기** 2g, 300mL, 100℃, 3분
- **차의 특징** 찻물색은 황색이며 캐모마일차 본연의 향미이다. 부피가 커서 2g도 많았다.
- **비고** 캐모마일은 국화과 식물로 유럽에서는 오래전부터 감기와 불면증에 사용되었고 이완효과도 있으나 임신 중에는 소량만 마시는 것이 좋다.

- **차 세팅** 왼쪽 잔은 셸리가 로열 앨버트Royal Albert로 넘어간 후의 잔이다. 오른쪽은 셸리의 모카MoCha 셰이프1945~1966년산의 작은 커피캔 잔으로 1913년부터 생산되었으며 1962년 이후에는 큰 사이즈도 생산되었다.
- **차 브랜드** 중국 오룡차, 반천요
- **구성** 무이암차
- **차 우리기** 2.5g, 250mL, 90℃, 3분
- **차의 특징** 찻물색은 갈황색이고 달콤한 향과 구수한 향이 있다. 무이암차 특유의 탄내는 거의 없고 약간 단맛을 띠며 거부감 없는 부드러운 맛이었다.

- **차 세팅** 찻잔은 리치몬드Richmond 셰이프1950년산이며 팬지Pansy 패턴
이다.
- **차 브랜드** 국내 꽃사랑꽃차 전문숍
- **구성** 국산 당아욱Malva sylvestris var. mauritiana
- **차 우리기** 3g, 300mL, 100°C, 3분
- **차의 특징** 찻물색은 처음에는 보라색이었으나 시간이 흐르면서 점
차 퇴색되었다.
- **비고** 기관지에 좋다고 한다.

• **차 세팅** 찻잔은 데인티Dainty 셰이프1945~1966년산이고 블루스타 앤 도트 패턴이다.

• **차 브랜드** 에스토니아Estonia, 캐모마일차, 국내 보성 몽중산, 반발효차

• **구성** 캐모마일차잎차, 반발효차

• **차 우리기** 캐모마일차 1g, 발효차 1g, 250mL, 100°C, 3분

• **차의 특징** 찻물색은 황색이며 캐모마일차의 향미가 뚜렷하였다.

- **차 세팅** 찻잔은 헨리 셰이프1945~1966년산이고 핑크 도트 트리오이다. 소품인 받침 접시와 소형 꽃병은 파라곤이며 유리 티푸드 그릇은 미국산이다.
  - **차 브랜드** 영국 테일러 오브 헤로게이트Taylors of Harrogate
  - **구성** 로즈 레모네이드 인퓨전Rose Lemonade infusion
  - **차 우리기** 1티백, 300mL, 100°C, 3분레시피: 4~5분
  - **차의 특징** 찻물색은 자홍색이며 약간의 신 향과 신맛이 났다.
  - **비고** 테일러 오브 헤로게이트는 영국인이 편하게 즐기는 브랜드이다. 요크셔 티Yorkshire Tea는 밀크티용으로 필자가 많이 사용하는 홍차이며 조금 고급화된 요크셔 골드는 스트레이트 티Straight Tea로 좋다.

- **차 세팅** 찻잔은 헨리 셰이프1938~1964년산, 친즈 멜로디 패턴이며 꽃
병도 같은 패턴1925년산이다.
- **차 브랜드** 영국 헤로즈Herrods, 엠파이어 블렌드 34번Empire Blend No. 34
- **구성** 닐기리·다즐링 홍차
- **차 우리기** 1티백, 300mL, 80°C, 3분레시피: 3~5분
- **차의 특징** 찻물색은 진한 주황색이며 꽃 향이 나고 상큼하였다. 맛
은 물을 식혀도 약간 떫었고 풋풋함이 있었으며 보디감Oily이 있었다.
- **비고** 헤로즈는 영국 왕실 전용 백화점이다. 홍차 외에 다양한 차를
판매하고 있다.

- **차 세팅** 찻잔은 케임브리지 Late Cambridge 셰이프 1945~1966년산이고 Charm 매혹 in Maroon 암적색 패턴의 세트이다.
- **차 브랜드** 미국 리시, 엘더베리 힐러 Elder Berry Healer
- **구성** 유기농 생강, 엘더베리, 히비스커스
- **차 우리기** 1티백 2g, 300mL, 90℃, 5분
- **차의 특징** 찻물색은 자홍색이고 생강 향과 달콤한 향을 띠며 신맛과 단맛을 나타냈다.

- **차 세팅** 찻잔은 케임브리지 셰이프1945~1954년산이고 친즈Chinz형으로 메이 타임May Time 패턴이다.
- **차 브랜드** 부산 금정산 야생차
- **구성** 자가제 녹차
- **차 우리기** 3g, 300mL, 90℃, 3분
- **차의 특징** 찻물색은 연녹색이고 햇차 향이 나며 단맛과 풋풋한 맛이 있었다.
- **비고** 친즈는 도자기에 그려진 꽃무늬를 지칭한다.

- **차 세팅** 헨리 셰이프1945~1964년산, 블루와 골드 장식의 블루 폴카 도트Polka Dot 패턴이며 독일 KPM의 작은 핀디시에 프랑스산 설탕을 담았다.
- **차 브랜드** 영국 더 로열 컬렉션The Royal Collection, 버킹엄Buckingam의 로열 블렌드Royal Blend
- **구성** 홍차
- **차 우리기** 1티백2.5g, 300mL, 100°C, 3분
- **차의 특징** 찻물색은 주홍색이고 영국 요크셔 홍차와 비슷한 향미를 띠는데 향은 약하고 맛은 약간 떫었다.

• **차 세팅** 찻잔은 데인티 셰이프1945~1966년산의 믹스앤매치이고 핀디시1945~1966년산도 셸리이다. 슈거볼과 저그는 저자 사인은 있으나 노백 스탬프로 특이한 슈거볼이다.

• **차 브랜드** 영국 아마드티Amhad Tea, 허브차

• **구성** 와일드 스트로베리Wild Strawberry

• **차 우리기** 1티백, 300mL, 100°C, 5분

• **차의 특징** 찻물색은 자홍색이고 달콤한 과일 향이 났으며 맛은 단맛이 약하고 신맛이 났다.

• **비고** 1953년에 창업한 아마드티는 영국의 대중적인 브랜드로 국내에서도 손쉽게 구할 수 있다.

www.ahmadtea.com

- **차 세팅** 찻잔은 데인티 셰이프1945~1966년산의 베고니아Begonia 패턴이고 차 세팅에 사용한 것 모두 베고니아 패턴이다.

- **차 브랜드** 영국 클리퍼Clipper의 러브 미 트룰리Love Me Truly

- **구성** 계피45%, 생강12%, 오렌지필11%, 감초11%, 회향씨8%, 소두구5%, 바닐라 향5%, 정향3%

- **차 우리기** 티백2.2g, 300mL, 100°C, 3분

- **차의 특징** 찻물색은 담황색이고 건조차는 계피 향이 강하나 우리니 계피 향과 더불어 정향 향이 났다. 맛은 계피맛, 회향씨맛과 약간의 단맛이 있었다.

- **비고** 클리퍼는 1984년에 창업되었으며 인도, 스리랑카, 아프리카의 최고 다원에서 생산된 차를 수입하여 고품질의 제품을 만들어 제공한다. 영국에 유기농 홍차를 처음 소개했다.

- **차 세팅** 찻잔은 데인티 셰이프1945~1966년산이고 커피포트는 채츠워
스미국의 지역 이름 패턴1918년산, Rd. 665003이다.
- **차 브랜드** 왼쪽은 영국 푸카Pukka의 와일드애플 앤 시나몬Wildapple
& Cinnamon, 오른쪽은 아마드티Ahmad Tea의 루이보스 앤 시나몬Rooibos &
Cinnamon차
- **구성** 푸카 티의 구성은 계피22%, 감초, 생강, 오렌지필, 야생 사과
9%, 캐모마일, 카다몬, 정향, 오렌지와 계피 에센스 오일이고 아마드티
의 구성은 루이보스차, 계피
- **차 우리기** 1티백, 400mL, 100°C, 5분푸카 티, 1티백, 300mL, 100°C,
3분아마드티
- **차의 특징** 푸카 티의 찻물색은 담황색이고 계피 향과 과일 향이 약
하게 났으며 계피맛, 단맛, 향긋한 맛이 있었다. 아마드티의 찻물색은
진한 주황색이고 계피 향과 달콤한 향이 났으며 맛은 진했다.

- **차 세팅** 찻잔은 헨리 셰이프1945~1965년산, 크로셰Crochet 패턴의 트리오이다. 크로셰 문양은 가장자리가 레이스 모양으로 되어 있다.

- **차 브랜드** 국내 하동 관아 발효차

- **구성** 발효차

- **차 우리기** 2.5g, 300mL, 90℃, 3분

- **차의 특징** 찻물색은 주황색이고 달콤한 향과 발효 향이 있으며 단맛이 났다.

- **차 세팅** 찻잔은 게인즈버러Gainsborough 셰이프1945~1965년산, 크로셰 패턴이다.
- **차 브랜드** 국내 하동 고려다원 발효차
- **구성** 발효차
- **차 우리기** 2.5g, 300mL, 90°C, 3분
- **차의 특징** 찻물색은 황색이고 달콤한 향과 향긋한 향이 났으며 맛도 순하고 향기로웠다.

# 3
# 로열 앨버트

## 로열 앨버트의 역사와 중요 포인트

로열 앨버트Royal Albert는 1894년에 토머스 클락 와일드Thomas Clark Wild 가 영국의 스토크온트렌트Stoke-on-Trent, 롱턴Longton에서 가족 공방인 와일드앤손스T.C. Wild & Sons를 설립한 것이 시초다.

1896년에 탄생하여 나중에 조지 6세1936년 즉위가 된 앨버트 왕자의 탄생 기념으로 앨버트 크라운 차이나Albert Crown China라는 제품을 출시 하고 1897년 빅토리아 여왕의 즉위 60주년을 기념하고자 왕실 기념 도자기 세트를 만들었다.

1904년 왕실 인증을 받아 일부 제품에 로열 앨버트 크라운 차이나 Royal Albert Crown China를 사용했으나 그동안 사용했던 와일드앤손스가 1970년대에 이르러 로열 앨버트Royal Albert로 바뀐다. 1972년에 로열 덜 튼Royal Doulton그룹에 합병되었고, 2002년에 로열 덜튼의 인도네시아 공장으로 이전하였다.

백스탬프에 스크래치된 것은 세컨드 상품이라 하는데, 조금이라도 하자가 있다 싶으면 표시하여 조금 저렴하게 판매한다. 영국에서 생산되는 로열 덜튼, 로열 우스터, 로열 크라운 더비, 앤슬리 및 웨지우드 등도 같은 경향이다.

WWRD 백스탬프는 로열 덜튼과 로열 앨버트를 인수한 웨지우드사가 2009년 파산하여 워트포드Waterford사에 인수 합병되면서 만든 브랜드이다. WWRD 백스탬프의 로열 앨버트는 생산지역이 인도, 중국, 동남아 지역으로 변경되었다. 이 회사도 2015년 핀란드의 피스카스사 Fiskars Group에 인수 합병되었다.

- **차 세팅** 찻잔, 접시와 저그 모두 크라운 차이나<sub>1917~1927년산</sub>이다.

- **차 브랜드** 중국 과기보이<sub>科技普洱</sub>, 익원산차<sub>益元散茶</sub>

- **차 우리기** 2g, 300mL, 100°C, 3분

- **차의 특징** 찻물색은 맑은 황색이고 향미가 부드러웠다. 곰팡이 냄새가 나지 않아 거부감이 없었다.

- **차 세팅** 찻잔은 크라운 차이나1920~1930년산, 니들 포인트Needle Point 디자인으로 십자수를 연상시키는 자수 패턴이다. 컴포트는 프랑스산 리모주이다.

- **차 브랜드** 프랑스 테 드 라 파고다Thes de la Pagode의 중국 녹차, 그리스 민트차

- **구성** 유기농 중국 녹차1.5g, 그리스 민트차0.5g

- **차 우리기** 2g, 250mL, 85°C, 3분

- **차의 특징** 찻물색은 어두운 황록색이고 달콤한 향과 민트 향이 먼저 났으며 녹차에서 나는 묵은 향이 있었다. 민트를 첨가하니 녹차 단독보다 좋은 향미로 개선되었다.

- **비고** 테 드 라 파고다는 중국에 여행을 간 창업자가 윈난에서 1년 동안 차 공부를 한 후 중국을 비롯한 동남아의 각 산지를 돌아본 다음 프랑스로 돌아가 설립한 회사http://www.thesdelapagode.com다.

- **차 세팅** 찻잔은 크라운 차이나<sub>1927~1935년산</sub>, 레이디 게이<sub>Lady-Gay</sub> 패
턴이다. 티푸드 볼은 독일산 로젠탈 바바리아이다.

- **차 브랜드** 중국 스팟<sub>Spot</sub> 녹차

- **구성** 녹차

- **차 우리기** 1티백<sub>2g</sub>, 300mL, 80˚C, 3분

- **차의 특징** 찻물색은 녹황색이며 햇차 향미를 띠는 순한 맛이었다.

● **차 세팅** 찻잔은 크라운 차이나1932년산, Rd. 774783, 그린우드 트리Green
wood Tree 패턴의 트리오로 접시는 사각형이다. 차통과 같은 통에 진
저-레몬 비스킷이 들어 있어 티푸드로 하였다.

● **차 브랜드** 영국 위타드 오브 첼시Whittard of Chelsea, 첼시 가든Chelsea
Garden의 장미 가향 백차

● **구성** 백차, 로즈버드, 향료

● **차 우리기** 2g, 300mL, 90℃, 3분

● **차의 특징** 찻물색은 황색이고 장미 향이 지배적이며 약간 떫은맛이
났다.

● **비고** 1886년 런던에서 창업한 위타드는 고품질 찻잎을 입수하여
블렌딩하는 것을 목표로 하며 1941년에 첼시로 회사를 옮겼다.

- **차 세팅** 찻잔은 크라운 차이나1927~1935년산로 블루 리본과 3색 장미
의 매치가 조화롭다.
- **차 브랜드** 스리랑카 플레즈나Mlesna의 몽크 블렌드Monk's Blend
- **구성** 홍차, 향료파인애플 2%, 석류와 바닐라 각각 0.5%
- **차 우리기** 1티백, 300mL, 100°C, 3분
- **차의 특징** 찻물색은 주황색이고 달콤한 향과 과일 향이 나며 맛도
부드러운 편이었다. 티백을 개봉했을 때 바로 달콤한 과일 향이 났다.
- **비고** 플레즈나사는 1983년 안셀름 페레라Anselm Perera가 프리미엄
실론차를 만들고자 창업하였다. 회사 설립 전 영국의 브록 본드Brooke
Bond사에서 티 테이스터로 일하며 여러 가지 기술을 배웠다. 스위스의
글로벌 향료 원료 제조업체 지보단Givaudan의 향료를 가져다 사용하며
예쁜 차 패키지Packcage에 들어 있다.

- **차 세팅** 찻잔은 크라운 차이나1930년대산, 밸런타인 Valentine 패턴이다. 티포트는 영국 쇼터앤손 Shorter & Son사, 스태포드셔 Staffordshire이고 잉글 랜드 백스탬프를 하고 있다.
- **차 브랜드** 사무실 업소용인 대용량 해밀 내추럴 Haemil Natural 녹차
- **차 우리기** 1티백1.5g, 200mL, 80°C, 3분레시피: 3~4분
- **차의 특징** 찻물색은 연녹색으로 약한 현미녹차의 향미가 있었으며 레몬청을 넣으니 새콤달콤해졌다.

- **차 세팅** 찻잔은 크라운 차이나<sub>1935~1940년산</sub>이다.

- **차 브랜드** 국내 티젠의 녹차

- **구성** 녹차

- **차 우리기** 1티백, 300mL, 80°C, 3분

- **차의 특징** 찻물색은 투명하고 연한 황록색이며 맛은 부드러웠다.
팬지꽃을 첨가하였다.

- **차 세팅** 찻잔은 본차이나1940~1950년산의 치자꽃Gardenia 패턴이다.

- **차 브랜드** 국내 꽃사랑꽃차 전문숍, 엘더꽃차

- **구성** 엘더꽃

- **차 우리기** 0.5g, 250mL, 100°C, 3분

- **차의 특징** 찻물색은 맑은 담황색으로 맛은 달고 구수하며 풋풋한
향미를 띠었다.

  - **비고** 엘더꽃은 충혈 완화제이자 소염제·이완제로 작용하며 감기
와 인플루엔자, 점막염증에도 효과가 있다.

- **차 세팅** 찻잔은 본차이나1945년 이후 산의 코르셋 셰이프이다.

- **차 브랜드** 스리랑카 베질루르, 가향 홍차

- **구성** 홍차, 수레국화, 해바라기꽃, 건망고, 파파야, 계피, 향료복숭아

- **차 우리기** 2g, 300mL, 100°C, 3분레시피: 3~5분

- **차의 특징** 찻물색은 주황색이고 과일 향미가 강하였다.

- **비고** 터콰즈Turquoise 보석Treasure이 그려진 캔 박스에 들어 있다.

- **차 세팅** 찻잔은 본차이나1940년대산이고 충층나무꽃White Dogwood 잔
이다. 티푸드 접시는 미국산 빈티지 파이어킹이다.
- **차 브랜드** 러시아 그린필드사의 민트와 초콜릿 향 홍차
- **구성** 민트, 홍차, 향료
- **차 우리기** 1티백, 300mL, 100°C, 3분
- **차의 특징** 찻물색은 주황색이며 초콜릿 향이 우세하였고 맛에는 민
트가 따라왔다. 우린 후 자가제 냉이차를 넣었다.

- **차 세팅** 찻잔은 본차이나1951년산, 세뇨리타Senorita 패턴의 테니스 세트이다.
- **차 브랜드** 영국 포트넘 앤 메이슨, 로즈 앤 바이올렛Rose & Violet
- **구성** 히비스커스, 로즈힙, 장미잎12%, 레몬 머틀, 비트, 수레국화, 향료6%
- **차 우리기** 1티백2g, 300mL, 100°C, 3분
- **차의 특징** 찻물색은 자홍색이며 화장품 향 같은 장미 향과 약간 신 향이 나고 신맛이 다소 강하였다. 피라미드형 실크티백에서 찻물에 내용물이 약간 새어나왔다.
- **비고** 세뇨리타 패턴은 레이스 그림으로 되어 있다. 세뇨리타는 스페인어로 아가씨라는 뜻이며 1년만 생산하여 귀한 잔이다. 테니스 세트의 유래는 필자의 이전 책인《홍차의 비밀》에 상세히 소개해놓았다.

- **차 세팅** 찻잔은 본차이나1950~1960년대산, 머스커레이드Masquerade, 가장 무도회, 흑장미 패턴이다.
- **차 브랜드** 프랑스 테 드 라 파고데Thes de la Pagode의 한정판 감귤류 혼합 녹차THE' VERT Agrumes
- **구성** 중국산 녹차, 레몬필, 오렌지필, 자연향료베르가못, 오렌지, 레몬
- **차 우리기** 2g, 200mL, 80°C, 3분
- **차의 특징** 찻물색은 황록색이고 감귤류 향이 나며 떫은맛과 신맛은 거의 없었으나 향이 입안에 남았다.

- **차 세팅** 찻잔은 본차이나1960년대~1970년대산이고 플로렌틴 시리즈 Florentine Series 중 핑크이며 컵 셰이프는 게인즈버러이다. 꽃병으로 스웨덴 뢰스트란드사의 빅컵과 소품으로 웨지우드사의 핑크색 재스퍼 웨어를 사용하였다.

- **차 브랜드** 영국 햄스티드Hampstead 런던, 로즈힙 앤 히비스커스 Rosehip & Hibiscus

- **구성** 히비스커스66%, 로즈힙34%

- **차 우리기** 1티백, 300mL, 100°C, 3분

- **차의 특징** 찻물색은 자홍색이고 바로 우려졌다. 자연스러운 새콤한 향과 신맛이 났다.

- **비고** 햄스티드사는 1995년에 창업되었다.

www.hamstedtea.com

- **차 세팅** 찻잔은 본차이나1975~2001년산, 프로빈셜Provincial 플라워 시리즈 중 바이올렛Purple violet꽃 패턴이다. 바이올렛은 뉴브런즈윅New Brunswick주의 꽃이다.
- **차 브랜드** 영국 엘리자베스 여왕 즉위 기념 홍차
- **구성** 스리랑카산 홍차
- **차 우리기** 1티백, 300mL, 100°C, 3분
- **차의 특징** 찻물색은 주홍색이고 전형적인 홍차 향에 약간 떫은맛이 났다. 건조 레몬을 넣으면 시트러스 향이 나고 신맛이 약간 부가되나 떫은맛은 다소 줄어들었다.
- **비고** 프로빈셜 플라워 패턴은 캐나다 12개 주의 꽃을 나타낸 시리즈로 블랙친즈로 표현되며 게인즈버러 셰이프이다.

- **차 세팅** 찻잔은 본차이나1973년 이후 산, 황실 장미Old Country Rose 패턴으로 찻잔 밖에 꽃포지 형태를 하고 있다. 티포트도 같은 백스탬프를 하고 있다. 꽃병으로 사용한 저그는 본차이나1962~1973년산로 장미 문양이 크고 킹스랜섬King's Ransom, 몸값이라고 적혀 있다. 하트형 티푸드 접시는 본차이나2001년산, 루비Ruby 셀레브레이션Celebration이다.
- **차 브랜드** 영국 헤로즈, 스프링 셀레브레이션Spring Celebration
- **구성** 녹차76%, 생강5%, 카다몬5%, 레몬, 레몬 머틀, 레몬 버베나, 메리골드, 향료카다몬, 생강, 레몬
- **차 우리기** 3g, 300mL, 80°C, 3분
- **차의 특징** 찻물색은 담황색이며 생강 향이 먼저 올라오고 레몬 향이 따라왔으며 부드러운 차맛에 생강맛이 뚜렷하였다.
- **비고** 1993~2002년까지는 황실 장미가 전 세계로 알려지면서 왕성하게 판매되었으며 로열 앨버트의 로고 뒤에 (R)자가 붙어 있다.

# 4
# 앤슬리

## 앤슬리의 역사와 중요 포인트

앤슬리Aynsley사는 도자기에 안료Enamel를 사용하여 색칠하는 일을 하던 존 앤슬리John Aynsley가 1775년 창립하였다. 존 앤슬리 2세는 러스터 웨어Luster Ware, 금속성 광택이 있는 도자기를 일찍 도입해 발전시켰다고 한다.

이 회사는 꽃이 없을 때 식탁을 장식하는 포셸린Porcelain꽃을 생산한 것으로도 유명하다. 1896년 빅토리아 여왕 결혼 60주년, 1947년 엘리자베스 여왕 결혼, 1984년 다이애나비 결혼에서 왕실의 정찬용 식기를 생산한 것으로 알려져 있다.

관심사인 백스탬프의 역사를 살펴보면 앤슬리 왕관 모양의 작은 백스탬프는 1885년에서 1910년까지 사용된 뒤 1925년에서 1934년까지 다시 사용되었는데 왕관에서 앤슬리Aynsley 글자의 위치는 바뀌어왔다. 앤슬리 글자가 위에 있는 것은 1905년에서 1925년 사이에 사용되었는데, 이때는 전사 프린팅 기법과 핸드페인팅이 함께 사용되었다.

본차이나Bone China라는 글자가 왕관 옆으로 적혀 있는 것은 1934년에서 1950년까지 1939년 이후로는 아래쪽으로 이동한 것도 있음 사용되었다. 1960년 이후에는 대체로 그린색 백스탬프에서 블루색으로 바뀌었다.

백스탬프의 제일 아래쪽에 있는 두 자리 숫자를 보고 생산연도를 알아내는 정보는 필자의 이전 책인《홍차의 비밀》에 상세히 소개해놓았다.

1970년 워터포드사를 거쳐 웨지우드그룹으로 합병되었다. 그 후 북아일랜드의 벨릭Belleek이 인수하면서 앤슬리 영국 공장은 2014년 문을 닫는다. 현재 앤슬리의 정보를 알 수 있는 사이트는 www.belleek.com/en/Aynsley이다.

- **차 세팅** 찻잔과 접시는 1885~1890년산이다.
- **차 브랜드** 영국 포트넘 앤 메이슨의 현미녹차Genmaicha Green Tea, 국내 보성의 운해다원 차꽃차
- **구성** 현미녹차, 차꽃차
- **차 우리기** 3g, 300mL, 80°C, 3분
- **차의 특징** 찻물색은 연한 황록색으로 구수한 향미를 띠었고 떫은맛이 별로 없는 부드러운 맛이었으며 차꽃차는 향미에 크게 영향을 미치지 않았다.

- **차 세팅** 찻잔은 앤슬리의 전신인 H. Ansley & Co. Ltd.1869년산 백스 탬프를 가지고 있다. 꽃병은 프란츠Franz이고 시료를 담은 핀디시는 독 일산 KPM이다.

- **차 브랜드** 중국 2021년 만전 고수차6대 차산의 찻잎 중 가장 잎이 큼

- **구성** 보이차

- **차 우리기** 3g, 150mL, 100℃, 2분1회 세차 후 우림. 본래 5g, 160mL, 1회 윤차 후 10초, 10초, 15초 간격으로 우리는 것이지만 실용적인 방법으로 우림

- **차의 특징** 찻물색은 담황색이고 청향과 달콤한 향이 났으며 맛도 단맛과 신선미가 있었다. 우린 찻물이 식으니 약간 쓴 뒷맛이 있었다.

- **비고** 티푸드는 오설록의 제주 감귤 바움쿠헨이다. 독일 유래의 케 이크인데 단면이 고목의 나이테를 연상시킨다.

- **차 세팅** 찻잔은 1925~1934년산이고 양초가 놓여 있는 코스터 Coaster와 꽃병은 미국산, 티푸드 접시는 독일산 로젠탈, 기타 매트와 소품들은 네덜란드산이다.
  - **차 브랜드** 인도 프리미어스티의 컨티넨탈 실렉션 인도산 다즐링차
  - **구성** 홍차
  - **차 우리기** 1티백, 300mL, 90°C, 3분
  - **차의 특징** 찻물색은 황색으로 부드럽고 향긋한 향미를 띠었으나 다소 묵은 향미도 있었다.
  - **비고** 코스터는 잔 아래에 까는 컵받침을 말한다.

- **차 세팅** 찻잔은 1925~1934년산이고 동양적인 패턴이다. 티푸드 접시는 독일산 KPM이다.
- **차 브랜드** 영국 포트넘 앤 메이슨의 퀸 앤Queen Anne을 우려 로즈버드장미봉오리 첨가
- **구성** 홍차, 장미봉오리
- **차 우리기** 3g, 400mL, 100℃, 3분
- **차의 특징** 찻물색은 주황색으로 향미는 떫지 않고 무난하였으며 장미 향이 났다.

- **차 세팅** 찻잔은 본차이나1931~1932년산, 크로커스Crocus 셰이프이다.

- **차 브랜드** 베트남 탠 총 퀸리 TAN CHONG Queenli

- **구성** 녹차, 향료연꽃

- **차 우리기** 1티백, 300mL, 80°C, 3분

- **차의 특징** 찻물색은 황록색으로 은은한 연꽃 향이 나며 풋풋하고 구수한 녹차맛이었다.

- **비고** 베트남에서는 연꽃녹차가 일반적이다. 전통적으로는 자연 재료를 사용했지만 최근에는 연꽃 향료를 이용한 티백 제품들이 많이 출시되고 있다.

- **차 세팅** 찻잔은 본차이나1931년산. Rd. 765788, 크로커스 셰이프이며 은 방울꽃이 그려져 있다.
- **차 브랜드** 영국 잉글리시 티숍English Teashop의 루이보스차에 재스민 꽃차를 넣음
- **구성** 루이보스차, 재스민꽃차
- **차 우리기** 1티백, 300mL, 100°C, 3분레시피: 5분
- **차의 특징** 찻물색은 주홍색이고 향미가 약했는데 재스민꽃으로도 향미 개선에 큰 도움은 안 되었지만 시각적으로 찻잔과 어울리고 예 쁘게 보였다.

- **차 세팅** 찻잔은 본차이나1934~1950년대산의 층층나무꽃Dogwood 패턴
이고 핀디시는 셸리이다. 소품으로 사용한 포슬린 스트레이너는 영국
산 덴비Denby의 로킹엄 플로럴 페스티벌Rockingham floral festival 패턴이고
파인 본차이나이다.

- **차 브랜드** 영국 위타드, 코벤트 가든 블렌드

- **구성** 메리골드, 수레국화, 홍화, 향료

- **차 우리기** 2g, 300mL, 100°C, 3분레시피: 2~3분

- **차의 특징** 찻물색은 주황색이며 건조차에서 나는 열대과일의 향은
향료를 첨가한 것으로 보인다. 우린 찻물은 건조차에서 났던 향이 줄
어들었으며 맛은 떫지 않고 부드러웠다. 우린잎에도 향이 많이 남아
있었다.

- **비고** 티푸드는 오설록의 녹차 와플이다.

- **차 세팅** 찻잔은 본차이나1934~1950년대산이며 코르셋 셰이프를 하고 있다. 접시는 클라리스 클리프의 비자르Bizarre로 웨지우드1994년산에서 생산하였고 블루Blue 루체른Lucerne의 한정판 본차이나이다.
- **차 브랜드** 독일 티칸네Teekanne
- **구성** 석류Pomegranate차
- **차 우리기** 1티백, 300mL, 100℃, 3분레시피: 5~8분
- **차의 특징** 찻물색은 자홍색이고 과일 향과 달콤한 향이 났으며 신맛이 약간 있었다.
- **비고** 비자르는 클라리스 클리프가 1928~1936년 사이에 창작한 본인만의 특이한 디자인이며 그 이후로도 재생산되었다.

- **차 세팅** 찻잔은 본차이나1934~1950년대산이고 코르셋 셰이프이다. 독일 KPM의 소스가 커서 디저트 접시로 사용하였다.
- **차 브랜드** 국내 하동 감로다원의 연향차
- **구성** 우전 녹차, 연꽃 향
- **차 우리기** 3g, 300mL, 90°C, 3분
- **차의 특징** 찻물색은 담황색이고 향기로운 향을 띠며 풋풋하고 부드러운 맛으로 순수 녹차맛과는 다소 차이가 있었다.
- **비고** 우전 녹차를 백련꽃에 담아 3개월간 저온 숙성시킨 차로 건조차의 색깔은 연두색이 약하며 실버색이 있는 어두운 초록색이었다.

- **차 세팅** 찻잔은 본차이나1934~1950년대산, 트리오이며 데이지Daisy 패턴이다.
- **차 브랜드** 영국 히스앤헤더Heath & Heather사, 유기농 세이지 앤 레몬 머틀Sage & Lemon Myrtle, 메리골드차
- **구성** 세이지, 레몬 머틀
- **차 우리기** 1티백, 300mL, 100°C, 4분레시피: 200mL, 3~5분
- **차의 특징** 찻물색은 갈황색으로 세이지 향이 우세하고 맛에도 향이 따라오며 신맛은 없고 건강한 맛이 났다. 우린 차에 메리골드꽃을 첨가하였다.

- **차 세팅** 찻잔은 본차이나1939~1959년산, 소스는 믹스앤매치로 같은 브랜드의 본차이나1954년산이다. 티푸드 접시는 로열 그래프톤의 인디언 트리 패턴의 파인 본차이나이고 찻물색을 보기 위해 둔 작은 찻잔은 빅토리아 앤 앨버트뮤지엄에 있는 로열 우스터, 더 팬The FAN 패턴의 잔을 1993년 캠프턴앤우드하우스Campton & Woodhouse사에서 재현한 것이다.
- **차 브랜드** 영국 헤로즈, 플라워리Flowery 얼그레이
- **구성** 얼그레이 홍차
- **차 우리기** 1티백, 300mL, 100°C, 5분
- **차의 특징** 찻물색은 어두운 주황색이고 약하게 달콤한 향이 났으나 베르가못의 감귤류 향은 다소 약하였다. 맛도 상큼한 맛이 부족했다.
- **비고** 찻잔과 소스를 세트로 사용하지 않을 때 믹스앤매치라는 말을 쓴다.

- **차 세팅** 찻잔은 본차이나1952년산, 크로커스 셰이프로 수레국화 패턴
이고 접시는 본차이나1954년산이다. 피겨린은 로열 덜튼이고 소품들은
미국산 펜톤이다.
- **차 브랜드** 영국 포트넘 앤 메이슨, 일본 녹차와 중국 무이암차 종류
인 과향육계차
- **구성** 녹차, 반발효차
- **차 우리기** 각 1g씩, 300mL, 80℃, 5분
- **차의 특징** 무이암차는 건조차에서 달콤한 향과 탄 향이 났으며 혼
합한 차의 찻물색은 연한 황색으로 달고 탄 향미를 띠었다.

- **차 세팅** 찻잔은 본차이나1954년산 범선 패턴, 피겨린은 독일산이다.

- **차 브랜드** 캐나다 터치 오가닉Touch Organic 재스민 녹차

- **구성** 녹차, 향료재스민

- **차 우리기** 1티백, 250mL, 80°C, 2분

- **차의 특징** 찻물색은 맑은 연녹색으로 재스민 향이 아주 약하였고 맛은 떫지 않았다.

- **비고** 티 스토리는 중국에서 만들어 캐나다에서 판매하는 차 브랜드이며 Tea Story라는 책 모양의 캔에 들어 있다.

5

# 파라곤

## 파라곤의 역사와 중요 포인트

파라곤Paragon은 1903년 스타 차이나 컴퍼니로 출발해 1919년에 파라곤 차이나 컴퍼니로 이름을 변경하여 1960년대까지 영국 롱톤 Longton, Stoke-on-Trent을 기반으로 승승장구했던 브랜드이다.

1933년에 왕실 인증을 받아 By Appointmented왕실 사용 허가 혹은 Her Majesty of the Queen MaryHM, HRH 에든버러 공작, HRH 웨일스 왕자 등의 이름과 왕실 문장을 표시했다. 왕실 인증 백스탬프는 1960년대까지 계속되었는데 이 중 1939년에서 1949년까지는 왕실 인증 더블 워런트를 받았다. 즉, HM the Queen & the Queen Mary가 대표적이다. 1933년까지는 백스탬프에서 스타 표시를 볼 수 있다.

1960년에는 로열 앨버트 제조업체인 T.C. Wild & Sons에 인수되었고 1972년 로열 덜튼그룹에 합병되었다. 1989년까지는 로열 덜튼에서 파라곤의 이름을 사용하였지만 합병된 로열 앨버트의 이름 사용이 중단된 1993년에 완전히 사라졌다.

• **차 세팅** 찻잔은 파라곤 차이나1903년산의 4피스Quatre로 윌레만 패턴
이다. 피겨린은 스페인 야드로, 모자를 쓴 소녀1978~2000년산이다.

• **차 브랜드** 국내 하동 죽로차

• **구성** 세작 녹차

• **차 우리기** 2g, 300mL, 80°C, 3분

• **차의 특징** 찻물색은 연두색으로 구수하고 향기로운 햇차 향이 났
으며 맛도 부드러웠다. 우린잎은 초록색이 많았지만 황록색도 혼합되
어 있었다.

● **차 세팅** 찻잔은 스타 파라곤의 파인 본차이나1923~1933년산 트리오이다. 티포트 세트는 로열 파라곤1933~1934년산의 왕실 인정 백스탬프를 가지고 있다.

● **차 브랜드** 영국 햄스티드 런던, 마인드풀Mindful

● **구성** 페퍼민트와 스피어민트의 혼합차

● **차 우리기** 1티백, 300mL, 100°C, 3분

● **차의 특징** 찻물색은 연한 황갈색으로 전반적으로 한약 냄새가 났으며 페퍼민트 향이 스피어민트 향보다 강하고 달콤한 향이 올라왔다. 맛은 멘톨맛이 페퍼민트 단독보다 강했다.

● **비고** 티푸드는 네덜란드산 스트룹 와플Stroop Waffle로 얇은 와플 두 장 사이에 캐러멜 시럽Stroop을 넣어 만들었으며, 주로 뜨거운 커피나 차 컵에 올려 데워 먹는다. 단맛이 강하지만 뜨거운 열기에 딱딱한 질감이 부드러워져 먹기 편하게 된다.

● **차 세팅** 찻잔은 스타 파라곤의 파인 본차이나1923~1933년산, 꽃 손잡이 잔 트리오이고 아이슬란드 양귀비 Iceland Poppy 패턴이다. 소품으로 사용한 꽃병은 프랑스산 리모주이다.

● **차 브랜드** 이탈리아 라 비아 델 테 La Via Del Te, 비너스의 신비 Il Mitero della Venese

● **구성** 인도산 홍차, 사과, 아몬드, 무화과, 장미, 메리골드

● **차 우리기** 2g, 250mL, 100°C, 3분

● **차의 특징** 찻물색은 주홍색이고 달콤한 과일 향과 꽃 향이 났다. 맛은 다소 강하였다.

- **차 세팅** 찻잔은 로열 파라곤의 본차이나1930년산로 왕실 인증을 받았다.

- **차 브랜드** 영국 포트넘 앤 메이슨의 퀸 앤 홍차와 자가제 녹차의 1 : 1 혼합차

- **구성** 홍차, 녹차

- **차 우리기** 2g, 300mL, 90°C, 3분

- **차의 특징** 찻물색은 연한 주황색이고 부드러운 향미로 홍차나 녹차 본연의 향은 상쇄되나 무난하게 마실 수 있었다.

- **비고** 영국 왕실의 마거릿 로즈 공주 탄생 기념품1930년 8월 21일으로 요크 공작부인H. R. H Duchess of York, 엘리자베스 1세로 엘리자베스 2세의 어머니의 허가를 받아 생산되었다. 잉꼬 두 마리가 그려져 있다.

• **차 세팅** 찻잔은 스타 파라곤1934년 이전 산의 꽃 손잡이 잔으로 찻잔 밖에도 조각처럼 무늬가 있다. 티푸드 접시는 앤슬리1931년산이다.

• **차 브랜드** 영국 포트넘 앤 메이슨의 딸기 향 홍차

• **구성** 홍차, 향료딸기

• **차 우리기** 1티백, 300mL, 100°C, 3분레시피: 1~3분

• **차의 특징** 찻물색은 주황색으로 딸기 향이 났지만 향이 맛에 크게 영향을 미치지 않았다.

- **차 세팅** 찻잔은 파인 본차이나1939~1949년산로 더블 워런트를 가지고
있고 찻잔 내부에 장미 문양이 있으며 소스는 믹스앤매치로 영국산
로열 스태포드이다.
  - **차 브랜드** 재스민 가향-녹차중국산 명차
  - **구성** 녹차, 향료재스민
  - **차 우리기** 1티백, 300mL, 90℃, 3분
  - **차의 특징** 찻물색은 연한 황록색이며 재스민꽃 향미가 났다.

• **차 세팅** 찻잔은 파인 본차이나1939~1943년산로 더블 워런트를 가지고 있다. 커피포트의 백스탬프에는 로킹엄이라 적혀 있고 찻잔과 저그에 는 깅엄 로즈Gingham Rose라고 적혀 있으며 니들 포인트 문양이다.

• **차 브랜드** 중국 광시 육보차

• **구성** 보이차

• **차 우리기** 3g, 150mL, 100°C, 1분세차 후 우림

• **차의 특징** 찻물색은 어두운 주홍색이고 거북하지 않은 곰팡이 냄새 와 구수한 향이 나며 진한 맛이지만 거북하지는 않았다.

- **차 세팅** 찻잔은 파인 본차이나1939~1949년산로 두 조 모두 더블 워런 트를 가지고 있다. 왼쪽 잔은 미뉴에트Minuet 패턴이고 티푸드 접시는 영국산 올드 크라운 더비이다.
- **차 브랜드** 프랑스 다만 프레르Demmann Freres, Paris, 다즐링 G.F.O.P 등급
- **구성** 오른쪽은 순수 홍차, 왼쪽은 같은 홍차에 허브차 추가
- **차 우리기** 오른쪽은 2g, 300mL, 90°C, 3분레시피: 200mL, 5분, 왼쪽은 레 몬버베나 0.3g 추가
- **차의 특징** 오른쪽의 찻물색은 주황색으로 전형적인 홍차 향미가 났 으며 왼쪽은 찻물색의 주황색이 약간 밝아졌고 향은 크게 차이가 없는 데 맛은 향긋한 향이 추가되었다.
- **비고** 다만 프레르는 1692년에 창업한 브랜드로 자신들은 세계에 서 가장 오래된 차 제조회사라고 한다.

• **차 세팅** 찻잔은 파인 본차이나1939~1949년산로 왕실 인증의 더블 워런트를 가지고 있으며 사각형이다. 찻잔 내부에 화려한 꽃이 그려져 있고 잎이 금박으로 되어 있어 특이하게 느껴진다.

• **차 브랜드** 국내 티젠 녹차, 허브차

• **구성** 녹차, 스피어민트차

• **차 우리기** 녹차 1.8g, 스피어민트차 0.2g, 200mL, 85°C, 3분

• **차의 특징** 찻물색은 황록색이며 녹차만 우리면 풋풋하고 구수한 향에 약간 떫은맛이 있지만 허브차를 추가해 떫은맛이 부드러워졌다.

- **차 세팅** 찻잔과 소품인 꽃병은 파인 본차이나1939~1949년산로 왕실 인증의 더블 워런트를 가지고 있고 찻잔은 치자꽃Gardnia 패턴이다. 핀 디시는 앤슬리이고 티푸드가 담긴 볼은 헝가리 헤렌드의 로즈힙 문양 투각볼이다.
- **차 브랜드** 중국 레몬 홍차
- **구성** 레몬에 홍차를 넣어 건조시킨 것, 목련꽃차
- **차 우리기** 1개, 300mL, 100°C, 5분
- **차의 특징** 찻물색은 주황색으로 레몬 향이 나고 약간 자극적인 신 맛이 있다. 우린 후 목련꽃을 넣었더니 화사하였다.
- **비고** 투각은 도자기 작업 중 마르기 전에 작은 구멍을 내어 도려내 고 입체적으로 만든 것이다.

- **차 세팅** 찻잔은 파인 본차이나1939~1943년산로 왕실 인증의 더블 워런트를 가지고 있다. 태피스트리 로즈Tapestry Roses 패턴이다.
- **차 브랜드** 미국 하니앤손스, 디카페인 된 실론차
- **구성** 홍차
- **차 우리기** 1티백, 300mL, 100°C, 3분
- **차의 특징** 찻물색은 어두운 주홍색으로 홍차 향이 약하고 떫은맛과 쓴맛도 약한 부드러운 맛이었다.
- **비고** 태피스트리는 색실을 짜 넣어 그림을 표현하는 직물 공예이다한국어 사전. 인테리어 제품으로서 태피스트리는 풍경, 인물, 정물 등의 그림이 들어간 다양한 직물 작품을 일컫는다나무위키.

- **차 세팅** 찻잔은 파인 본차이나1953년산로 왕실 인증의 더블 워런트 를 가지고 있으며 사각형이다. 웨스트민스터 사원에서 거행된 엘리자 베스 2세 여왕의 취임을 기념한 잔이다.
- **차 브랜드** 미국 시크릿 가든Secret Garden, 유기농 허브 향 녹차
- **구성** 녹차, 향료레몬
- **차 우리기** 2g, 250mL, 100°C, 5분
- **차의 특징** 찻물색은 연한 황록색으로 부드럽고 향긋한 향미를 띠었 다. 5분 우려도 떫은맛이 없었다.

- **차 세팅** 찻잔은 파인 본차이나1963년 이후 산로 국화 문양 작은 잔이다.
- **차 브랜드** 국내 하동 연우제다 세홍
- **구성** 발효차
- **차 우리기** 2g, 300mL, 100°C, 3분
- **차의 특징** 찻물색은 주황색으로 건조차일 때는 맥아 향이 났고 우린 찻물에도 달콤한 향미가 있었다. 우린 후 국산 국화차를 넣었다.

# 6
# 웨지우드

## 웨지우드의 역사와 중요 포인트

1759년에 조사이어 웨지우드Josiah Wedgewood는 웨지우드앤손스 Wedgewood & Sons라는 업체를 창립하였다. 1761년 크림웨어Cream ware를 개발하고 1765년에 퀸즈웨어라는 칭호를 사용했다. 1768년 블랙 바 살트Black Basalt, 1774년 재스퍼웨어Jasper ware를 개발하였다. 1790년 포 틀랜드 항아리를 참고하여 재스퍼웨어를 재현했고 1812년 파인 본차 이나를 상품화하였으며 1878년 포틀랜드 항아리를 웨지우드의 로고 로 사용했다.

1878~1891년에 희미한 초록 항아리 백스탬프를, 1891~1900년에 갈색 항아리 로고를 쓰고 제품에는 지역명인 에트루리아Etruria를 적었 다. 1902~1949년에는 갈색 항아리 아래에 ***가 그려져 있다. 처음에 는 메이드 인 잉글랜드made in England도 적혀 있지 않았으나 본차이나 Bone China라는 글자도 들어가고 시간이 지날수록 글자가 많아졌다. 초 창기에는 본차이나를 이탤릭체로 적었다.

1950~1962년은 초록과 갈색이 공존하며 뒤로 갈수록 Wedgewood, Bone China, Made in England가 나란히 적히게 되었다. 1963~1997년은 검정 항아리 시대였다.

그 이후에는 영국에서 잘 만들지 않아 England 1759라고 적혀 있어도 영국에서 제조했다는 의미는 아니다. 1910년부터 Made in England가 쓰인다. 1997년부터는 W 글자에 항아리 그림을 넣은 백스 탬프를 사용하였다. 2015년 핀란드 기업 피스카스 그룹에서 인수하여 자회사인 WWRDWaterford, Wedgewood and Royal Doulton그룹으로 들어갔다.

- **차 세팅** 찻잔은 1902~1949년산 갈색 항아리 아래에 *** 트리오이다. 소품으로 사용한 볼은 제스퍼 웨어이다.
- **차 브랜드** 영국 햄스티드 런던, 레몬 & 진저
- **구성** 생강, 레몬그라스, 레몬필
- **차 우리기** 1티백 2.5g, 250mL, 100℃, 3분
- **차의 특징** 찻물색은 혼탁한 담황색이고 레몬과 생강 향이 났으며 생강맛이 우세하였다.
- **비고** 합성향료를 첨가하지 않아도 향긋한 것은 레몬그라스가 첨가되었기 때문이다.

• **차 세팅** 찻잔 트리오는 1902~1949년산<sub>갈색 항아리 아래에</sub> *** 트리오이
다. 둥근 꽃병은 스페인산 야드로이다.

• **차 브랜드** 영국 카트라이트 앤 버틀러<sub>Cartwright & Butler</sub>

• **구성** 브로컨 홍차, 펜넬씨

• **차 우리기** 1티백<sub>2.5g</sub>, 펜넬씨 0.3g, 300mL, 100℃, 3분

• **차의 특징** 찻물색은 주홍색으로 펜넬씨 향이 나고 신선한 좋은 향
미였다.

• **비고** 카트라이트 앤 버틀러는 1981년에 창업된 영국 무어데일
<sub>Moordale</sub>사의 종합 식품 브랜드이다.

- **차 세팅** 찻잔은 패트리션Patrician 크림웨어, 모닝 글로리 패턴 트리오이다. 패트리션 라인은 1927~1985년에 생산되었으며 이 찻잔에는 미국 특허가 적혀 있다. 꽃병은 독일산 KPM의 찻잔을 이용하였다.
- **차 브랜드** 중국 푸젠성 취안저우시, 레몬 전홍
- **구성** 레몬 안의 홍차
- **차 우리기** 1개, 300mL, 90°C, 5분 우린 후 2회째는 물 600mL에 냉침 8시간
- **차의 특징** 찻물색은 주황색이고 은은한 레몬 향미였다. 떫지 않고 부드러운 맛이었다.

• **차 세팅** 찻잔과 소품들은 재스퍼 웨어 1950년대산의 연두색을 사용하였다.

• **차 브랜드** 영국 포트넘 앤 메이슨, 아삼의 TGFOP tippy golden flowery orange pekoe 등급

• **구성** 홍차

• **차 우리기** 3g, 400mL, 100℃, 3분

• **차의 특징** 찻물색은 주홍색으로 몰티 향이 나고 진한 맛이었으나 색깔에 비해 떫지는 않았다.

• **비고** 재스퍼는 벽옥이라고 하며 불투명 광물로 다양한 색을 띤다.

• **차 세팅** 찻잔과 소품들은 재스퍼 웨어 1950년대산의 연두색을 사용하
였다.

• **차 브랜드** 중국 쓰촨성 몽정황아

• **구성** 황차

• **차 우리기** 2g, 200mL, 90°C, 3분 한 번 세차 후 우림

• **차의 특징** 찻물색은 담황색이고 달콤한 향과 구운 파래김의 향미가
났다.

• **차 세팅** 찻잔은 에트루리아 발라스톤 Etruria & Barlaston 라인의 퀸즈웨어 1962년산로 라벤더 온 크림 크림색 바탕에 블루 문양을 사용하고 소스는 크림 온 라벤더 블루색 바탕에 크림색 문양의 믹스앤매치로 사용했다. 그 외는 재스퍼 웨어들을 사용했다.

• **차 브랜드** 캐나다 터치 오가닉 Touch Organic. www.touchorganic.com

• **구성** 백차

• **차 우리기** 1티백, 300mL, 90°C, 3분 레시피: 90°C, 3~5분

• **차의 특징** 찻물색은 담황색으로 향미가 약하고 약간 떫은맛이었다. 건조한 해당화꽃을 띄우니 장미 향이 조금 났다.

• **비고** 에트루리아 발라스톤 라인은 퀸즈웨어 라인 중 고급에 속한다.

- **차 세팅** 찻잔은 본차이나1963~1997년대산 플로렌틴Florentin 패턴의 딥 그린색 피오니Pyony 셰이프이다. 티푸드 볼은 영국산 로열 덜튼의 본 차이나1988년산로 윔블던 테니스 대회 기념품이다. 꽃병은 미국산 글래 스이다.

- **차 브랜드** 영국 포트넘 앤 메이슨, 퀸 앤

- **구성** 홍차

- **차 우리기** 1티백, 300mL, 100°C, 3분

- **차의 특징** 찻물색은 주홍색으로 약간 달콤한 향과 향기로운 향이 났으며 약간 떫지만 맛난 맛이었다.

- **차 세팅** 찻잔은 본차이나1963~1997년산의 인디아India 패턴이고 커피 잔은 리Leigh 셰이프이다.
- **차 브랜드** 인도 아봉그로브Avongrove 다원, 다즐링 세컨드 플러시두물차
- **구성** 홍차
- **차 우리기** 3g, 300mL, 90℃, 3분
- **차의 특징** 찻물색은 주황색으로 약간 달콤한 향과 꽃 향이 있었고 맛도 다즐링의 특징을 잘 가지고 있었다.
- **비고** 건조차도 약간 구수하게 느껴지나 티백차의 다즐링과 차이가 많았다.

- **차 세팅** 찻잔과 빅저그는 본차이나1963~1997년산이고 슈거볼은 본차
이나1950~1962년의 해서웨이 로즈Hathaway rose이다. 핀디시는 영국산 엘
리자베탄Elizabethan의 파인 본차이나이다.

- **차 브랜드** 중국 윈난, 고수차

- **구성** 홍차

- **차 우리기** 2g, 300mL, 100°C, 3분

- **차의 특징** 찻물색은 주황색으로 달콤한 향미를 띠었고 약간 묵은
향미가 났다. 우린잎에도 묵은 향이 남아 있었다.

● **차 세팅** 찻잔은 할리퀸 시리즈 중 퀸 오브 허츠Queen of Hearts 듀오이
고 1998년에 시작된 W 백스탬프가 있다.

● **차 브랜드** 베트남 NGoC DUY, 아티초크Artichoke차

● **구성** 아티초크 100%

● **차 우리기** 1티백, 300mL, 100°C, 3분

● **차의 특징** 찻물색은 연한 황색으로 구수하고 달콤한 향이 났으며
자연스러운 맛이었다.

● **비고** 아티초크는 국화과의 다년초로 봉오리를 싸고 있는 꽃받침
이나 꽃심은 삶아 먹는다. 플라보노이드, 쓴맛 성분, 이눌린 및 효소가
있고 간장의 회복과 기능항진에 효과가 있다.

# 7

# 로열 우스터

## 로열 우스터의 역사와 중요 포인트

영국의 존 월John Wall과 윌리엄 데이비스William Davis가 1751년에 세웠다. 1789년에 도자기업계 최초로 로열Royal 칭호를 받았다. 1792년, 마틴 바Martin Barr 시대에 고품질 도자기를 생산했다. 이때 왕실에 납품하기도 했으며 백스탬프에는 대문자 B가 적혔다. 1807년 조지 4세는 체임벌린Chamberlain 공장에도 로열 칭호를 주었다.

꽃 그림으로 유명한 장식책임자인 체임벌린1736~1798년의 영입은 회사를 훨씬 발전시키는 계기가 되었다. 즉, 1840년 우스터는 경쟁자였던 체임벌린이전에 우스터 화가였으나 독립하여 자신의 회사를 세움과 합병해 체임벌린 & Co.가 되어 대형화·산업화를 이루었다. 1862년에 우스터 로열 포슬린은 로열 우스터Royal Worcester로 브랜드명을 바꾸었다.

로열 우스터의 화가 리스트는 대단하지만 1890년대부터 1920년까지의 화가들이 가장 우월했다고 한다. 1880년에 우스터에서 과일 그림이 처음으로 그려졌다. 존 프리먼John Freeman, 리처드 세브라이트

Richard Sebright, 프랭크 로버츠Frank Roberts 등의 유명작가가 있다.

과일 그림 중 제일 화려한 것은 1920년대에 창립 100주년을 기념하려고 22K 골드를 사용한 티웨어들이다. 백스탬프에 1928년부터 Made in England 표기를 하고 1929년에 다이아몬드 표시를 하였다. 1976년 본차이나를 만든 스포드사와 합병했고 2000년대 후반에 포토메리언그룹Portmerion Group에 합병되었다.

로열 우스터는 꽃 그림뿐 아니라 하일랜드Highland 캐틀Cattle 등 동물 시리즈도 유명하다. 그림 작가 레벨에 따라 앤티크 가격이 달라지기도 한다. 백스탬프 보는 법이나 방대한 화가들과 작품 스토리는 전문 서적을 참고하기 바란다.

- **차 세팅** 찻잔과 슈거볼은 1894년산1891+ dot 3, 블러시 아이보리Blushed Ivory이고 우리는 큰 볼은 1895년산1891+ dot 4 블러시 아이보리이다.

- **차 브랜드** 인도 산차 티 부티크, 백차, 국내 하동 한밭제다의 특우전 녹차, 건조 연꽃

- **구성** 백차, 녹차, 연꽃

- **차 우리기** 3.5g, 500mL, 80°C, 5분백차와 녹차를 같은 조건에서 각각 우린 후 볼에 담아 식힌 후 연꽃을 띠움

- **차의 특징** 찻물색은 황색이고 달콤한 향, 향긋한 꽃 향이 나며 맛도 부드럽고 향긋하였다.

- **비고** 블러시 아이보리는 1862년 제2회 런던만국박람회에서 처음 소개되었으며 바탕색인 담황색 위에 아름다운 꽃 그림이 그려져 전체적으로 부드러운 느낌을 주고 골드 제품에 비해 가격도 비교적 좋은 편이다.

• **차 세팅** 찻잔, 커피포트, 워터포트, 슈거볼과 저그 세트는 1898년산 레드 백스탬프의 스털링 실버가 장식된 블러시 아이보리 세트이다.

• **차 브랜드** 캐나다 데이비드차, 세레니티 Serenity now, 마음의 평화, 몸과 정신의 진정 효과차

• **구성** 아몬드, 커런트, 로즈힙, 사과, 라벤더, 스피어민트, 히비스커스, 블루베리, 스트로베리, 모과, 로즈페탈

• **차 우리기** 2g, 250mL, 100°C, 5분

• **차의 특징** 찻물색은 연한 핑크색이고 스피어민트 향이 지배적이며 달콤한 향이 났으나 신맛이 강하였다.

- **차 세팅** 찻잔은 1899년산1891+ dot 8, 블러시 아이보리 트리오이고 장식 접시는 웨지우드 재스퍼 웨어이다. 체코산 티포트를 꽃병으로 사용하였다.
- **차 브랜드** 독일 로네펠트Ronnefeldt, 잉글리시 브렉퍼스트
- **구성** 홍차
- **차 우리기** 1티백1.5g, 300mL, 100°C, 3분레시피: 3~4분
- **차의 특징** 찻물색은 주황색이고 전형적인 홍차 향미를 띠었다.
- **비고** 로네펠트는 1923년에 창업되었으며 3대 홍차 브랜드포트넘 앤 메이슨과 마리아주 프레르 포함 중 하나이다. 세계 각국의 호텔이나 고급 레스토랑에서 많이 취급하고 있다.

www.ronnefeldt.com

- **차 세팅** 찻잔은 1899년산1891+ dot 8, 블러시 아이보리 트리오이다.
- **차 브랜드** 중국 산양 북두
- **구성** 오룡차
- **차 우리기** 3g, 200mL, 100°C, 2분레시피: 8~10g을 160mL에 3~10초 우리고 7~9

회 반복함

- **차의 특징** 찻물색은 황색이 짙은 주황색이고 달콤한 향과 탄 향이

났으며 맛도 같았다.

• **차 세팅** 찻잔은 1907년산, 오차드 골드 패턴의 에소잔작가 Sebright 사인이고 접시는 1926년산 소그림 골드 패턴작가 Stinton 사인이다.

• **차 브랜드** 인도 다즐링차, 정파나 다원, 세컨드 플러시두물차, 스페인산 샤프란

• **구성** 홍차, 샤프란

• **차 우리기** 3g, 300mL, 80℃, 3분

• **차의 특징** 찻물색은 주홍색으로 향긋한 향이며 식혀서 우려도 약간 떫은맛이 났다. 샤프란 몇 잎으로 향미를 조금 진하게 하였다.

- **차 세팅** 찻잔은 1925년산 블러시 아이보리이고 소품으로 사용한 항아리도 블러시 아이보리로 1902년산그린 백스탬프, 1891+ dot 11이다.
- **차 브랜드** 영국 푸카Pukka, 왼쪽은 레몬-생강차이고 오른쪽은 3종류의 생강차
- **구성** 왼쪽은 생강32%, 감초, 엘더플라워, 펜넬씨, 레몬버베나, 강황, 레몬 머틀 잎, 향료레몬 에센스 6%, 꿀 2%이고 오른쪽은 생강52%, 양강근galangal, 28%, 강황4%, 감초
- **차 우리기** 각각 1티백2g, 300mL, 100℃, 15분
- **차의 특징** 왼쪽 찻물색은 레몬색으로 생강 향이 먼저 올라오고 레몬 향이 났다. 맛은 생강맛이 우세하였으나 강황맛도 났으며 강하지 않았다. 오른쪽 찻물색은 약한 주황색으로 은은한 생강 향이 났고 매운맛이 적은 달달한 생강맛으로 부드러웠다.

- **차 세팅** 찻잔과 슈거볼<sup>작가</sup> Spilsbury Missethel 사인은 1926년산이고 꽃
병<sup>작가</sup> Margaret 사인은 1907년산이다. 작품에 그려진 장미를 하들리 로즈
Hadley rose라고 한다.

- **차 브랜드** 스리랑카 맥널티 홍차

- **구성** 홍차

- **차 우리기** 2g, 250mL, 100℃, 5분

- **차의 특징** 찻물색은 연한 핑크색이고 스피어민트 향이 지배적이며
달콤한 향이 났으나 신맛이 강하였다.

- **비고** 오래된 티웨어 중 슈거볼이 큰 것은 그 당시 설탕이 귀해서
설탕을 부의 상징으로 여겼기 때문이다.

- **차 세팅** 찻잔은 1931년산 트리오이다. 미국산 노란색의 에칭 글래스에는 그릭 요구르트와 견과류를 담았다.
- **차 브랜드** 러시아 그린필드, 골든 실론 홍차
- **구성** 홍차
- **차 우리기** 1티백, 300mL, 100°C, 3분
- **차의 특징** 브로컨 상태의 홍차라서 잘 우러나왔다. 찻물색은 주홍색으로 풋풋하고 상큼한 향에 약간 달콤한 향도 띠었으며 맛은 무난하였다.

• **차 세팅** 찻잔과 접시는 본차이나three touching circles, dots, 6개 1932+ 6 = 1938 년산, 자주색 백스탬프이다.

• **차 브랜드** 인도 바담Vahdam 다원, 정파나 이그조틱Exotic 퍼스트 플 러시첫물차

• **구성** 홍차에 국내산 레몬밤 첨가

• **차 우리기** 홍차 2g, 레몬밤 0.1g, 300mL, 90°C, 3분

• **차의 특징** 찻물색은 황갈색이고 달콤한 향미가 있었으며 레몬밤 향미는 조금 났다. 홍차의 유효기간이 얼마 남지 않아서 풋풋함이 사 라지고 약간 나무 냄새가 났으므로 레몬밤을 첨가했다. 뒷맛은 조금 떫었다. 우린잎을 보니 작은 찻잎이 균일하였다.

- **차 세팅** 찻잔<sub>작가</sub> Maybury 사인은 1953년산 오차드 골드이고 꽃병<sub>작가</sub> Roberts 사인은 파인 본차이나1949년 이후 산이다. 티푸드 접시는 이탈리아의 베르사체이다.

- **차 브랜드** 인도 정파나 다원, 다즐링 세컨드 플러시두물차

- **구성** 홍차에 중국산 계화차 첨가

- **차 우리기** 2g, 300mL, 90℃, 3분

- **차의 특징** 찻물색은 주황색으로 장미꽃 향과 구수한 향미가 났다. 보디감이 있어 다소 묵직한 느낌이 있었다. 우린 찻물에 계화차를 뿌리니 젤리 위에처럼 위로 떴다.

- **비고** 오차드Orchard는 과수원을 의미하며 도자기에서는 과일그림을 말한다.

# 8
# 영국 기타

 

 

 

영국의 기타 브랜드 31개, 찻잔 53개를 소개한다. 순서는 가짓수가 많은 것부터 나열하고 한 개뿐인 브랜드는 알파벳 순서로 정리하였다. 영국의 도자기 브랜드 중 유명한 회사들로 초기에는 유럽에서 최초로 도자기를 생산한 독일 마이슨Meissen사를 비롯해 프랑스의 영향도 받았으나 시간이 갈수록 독창적인 모습을 갖추었다.

영국의 기타 브랜드로 넘기기에는 아까운 것이 많았으나 몇 가지만 소개하면, 왕실 인증을 두 번 받은 로열 크라운 더비가 있다. 영국에서 도자기가 생산되기 시작했을 때 유명했던 첼시Chelsea가마와 보우Bow가마를 각각 1769년과 1776년에 매입해 번성했다. 처음 이름은 더비 도자기였다. 1773년에 크라운 칭호를, 1890년에 로열 칭호를 받았다. 로열 크라운 더비에는 빼어난 제품이 많지만 우리에게도 잘 알려진 일본풍의 이마리伊万里가 있다.

민튼 또한 대단히 유명한 브랜드로 본문의 민튼 소개에서 비고란에 민튼에 대해 설명하였다.

로열 덜튼은 1815년이 시초로 초기에는 산업용품이나 위생제품을 만들었으며 소설 속 주인공들을 등장시킨 맥주잔 등도 특징이 있다. 시간이 지날수록 도자기 부분에서도 고급화를 향해 전진한 브랜드이다. 적당한 가격으로 쉽게 구입할 수 있는 크고 작은 피겨린 도자기 인형들 중에는 로열 덜튼 제품이 많다.

칼튼 웨어나 로열 윈튼도 여심을 사로잡는 특이한 제품들을 생산한다. 영국 앤티크 도자기를 많이 접해보면 브랜드 간에 고개를 갸우뚱할 정도도 유사품도 있으나 보면 볼수록 브랜드마다 나름대로 특징이 있다는 것을 알 수 있다.

# 헤머슬리 Hammersley

• **차 세팅** 찻잔은 헤머슬리 차이나1912년 이전 산 트리오이다. 소품으로 사용한 꽃병은 스웨덴의 린드폼Lindform사 제품이고 태국에서 생산되었다.

• **차 브랜드** 국내 보성 몽중산다원의 봄 녹차

• **구성** 녹차

• **차 우리기** 2g, 300mL, 80°C, 3분

• **차의 특징** 찻물색은 연한 연두색이고 깨끗한 녹차 향미를 띠었다.

• **비고** 헤머슬리는 1862년에 창업한 회사이다. 회사 명칭이 몇 번 바뀐 후 1982년에 팔리시 포터리Palissy Pottery사가 상표권을 인수하였다.

• **차 세팅** 찻잔은 본차이나1930년대산 데미 타세 잔이고 꽃병으로 사용한 것은 미국산 실버 오브 레이 글래스이다.

• **차 브랜드** 캐나다 데이비드사의 핫 초콜릿Hot chocolate차

• **구성** 보이차, 홍차, 코코아닙스, 초콜릿 칩스, 코코아 버터, 바닐라, 향료

• **차 우리기** 2g, 250mL, 100℃, 4분레시피: 4~5분

• **차의 특징** 찻물색은 약간 혼탁한 주황색으로 달고 구수한 향이 나며 단맛이 입안에 남았다.

• **비고** 찻물에 기름이 뜨고 우린잎에도 좋은 향이 남아 있었다.

- **차 세팅** 찻잔은 본차이나1939년 이후 산이고 패턴은 핑크로즈이다. 얼핏 보면 앤슬리Aynsley의 핑크 로즈 패턴 찻잔과 유사한 것 같지만 미묘하게 차이가 있다. 접시는 스웨덴의 레스트란드Rorstrand이고 정원 Garden 패턴이다.

- **차 브랜드** 국내 하동 연우

- **구성** 세작 녹차

- **차 우리기** 2g, 300mL, 80°C, 3분

- **차의 특징** 찻물색은 연두색이고 햇차의 싱그러운 향미를 띠었다.

- **차 세팅** 찻잔은 본차이나1939년 이후 산 트리오이다.
- **차 브랜드** 영국 로열 블렌드 홍차
- **구성** 홍차
- **차 우리기** 1티백, 300mL, 100°C, 3분
- **차의 특징** 찻물색은 주홍색이 빨리 우러나오고 보통의 홍차 향이었
으나 향이 부족했고 약간 떫었다.
- **비고** 줄이 없는 둥근 티백에 미세한 브로컨 상태의 홍차가 들어 있다.

# 로열 크라운 더비 Royal Crown Derby

- **차 세팅** 차 세팅의 구성은 올드 이마리, 2452패턴1700년대 후반 산이다.
- **차 브랜드** 중국 노총 장편수선
- **구성** 민남 우롱차
- **차 우리기** 2g, 200mL, 100℃, 2분1분 세차 후 우림
- **차의 특징** 찻물색은 황색으로 구수하며 꽃 향이 나고 맛이 순하였다. 노총의 건조차는 잎의 크기가 작고 색깔은 암초록빛이 돌았으며 우린잎에서는 초록이 더 진했다.
- **비고** 더비 공장은 1747년에 설립되었으며 1880년 이전에는 개별 백스탬프를 사용하였고 1938년부터는 연대별로 아라비아 숫자가 들어갔다. 로열 크라운 더비에서 아라비아 숫자가 표기된 것은 1938년/. 부터 2013년MMXIII. 까지이다.

• **차 세팅** 찻잔은 이마리 1128패턴<sub>1931년산</sub>으로 엘리자베스 티잔이라
고 한다. 꽃병은 로열 우스터의 블러시 아이보리로 백스탬프에 Z 표
시가 있는 1883년산이고 꽃병의 바깥면에 돌아가며 세 가지 다른 그
림이 그려져 있어 계절로 치면 봄과 가을 느낌을 준다. 티푸드 접시는
1898년산 로열 우스터의 블러시 아이보리이다.

• **차 브랜드** 국내 하동 한밭제다의 천지향

• **구성** 우전 발효차

• **차 우리기** 2g, 300mL, 80℃, 3분

• **차의 특징** 건조차는 골든 팁이 보이며 약간 구수하고 달콤하였다.
찻물색은 주홍색으로 달콤한 향미를 띠고 보디감이 있었다.

- **차 세팅** 찻잔은 이마리 2451패턴1923~1953년산이며 뉴욕의 티파니사 Tiffany & Co.에서 주문한 더블 백스탬프이다. 러플ruffle, 주름 혹은 물결형볼은 민튼의 이마리 패턴1891년산이다.

- **차 브랜드** 영국 해로즈의 애프터눈 티

- **구성** 홍차

- **차 우리기** 1티백2.5g, 300mL, 100°C, 3분

- **차의 특징** 찻물색은 주홍색으로 브렉퍼스트보다 밝은색과 가벼운 향이었고 약간 떫은맛이라 밀크티로도 좋을 듯하였다.

- **비고** 발주 회사의 상표가 들어가는 더블 백스탬프는 보석상, 은행, 백화점 등에서 도자기 회사에 자사 고객용으로 디자인하여 특별 한정판으로 발주하는 것이다.

- **차 세팅** 찻잔은 본차이나1980년산 포지스 패턴이고 여름 정원을 표현하였다. 차 세팅에 사용한 콤포트는 헤머슬리의 파인 본차이나이고 꽃병은 스포드사로 넘어간 이후 헤머슬리사의 큰 볼이다.
- **차 브랜드** 국내 하동 죽로차
- **구성** 황차
- **차 우리기** 2티백, 400mL, 80℃, 2분 레시피: 1티백, 200mL, 70℃, 2분
- **차의 특징** 찻물색은 주홍색으로 달콤한 발효 향이 났으며 맛은 암차 같은 느낌이었다.

# 로열 그래프톤 Royal Grafton, A.B. Jones & Sons Ltd.

- **차 세팅** 찻잔은 그래프톤 차이나Grafton China, 1930년 이후 산이다. 접시는 오스트리아산이다.
- **차 브랜드** 영국 포트넘 앤 메이슨의 인도 캐슬턴Castleton 다원, 다즐링 세컨드 플러시두물차
- **구성** 홍차
- **차 우리기** 3g, 400mL, 80℃, 3분
- **차의 특징** 찻물색은 연한 주황색으로 달콤한 향, 구수한 향, 꽃 향이 났으며 단맛과 구수한 맛이 있다.
- **비고** 캐슬턴 다원은 1865년에 창업되었으며 북히말라야산맥에서 향기롭고 품격 있는 홍차를 생산한다.

• **차 세팅** 찻잔은 본차이나1950년대산이고 새 접시는 독일산 바바리아 제롤드gerold 포슬린이다. 닭 피겨린은 스페인 야드로이고 고양이 그림 에나멜 티포트는 18세기 영국에서 수작업된 공예품이다. 즉 샬럿 디 비타 티포트 캣츠 키턴즈Charotte di Vita TeaPot Cats Kittens이다.

• **차 브랜드** 중국 철관음

• **구성** 포종차

• **차 우리기** 2g, 300mL, 100°C, 3분

• **차의 특징** 찻물색은 황색이고 꽃 향, 달콤한 향, 탄 향도 있었으나 고품질차의 맛을 띠었다.

- **차 세팅** 찻잔은 파인 본차이나1957년 이후 산이다. 접시는 앤슬리이고 볼은 영국 실백Sylvac, 1821년 설립이다.

- **차 브랜드** 국내 수입 브랜드인 티에리스Tieris의 카리카네, 호우지차 Kaligane Houji-Cha와 스리랑카산 캔디, FBOP

- **구성** 호우지차와 홍차 1 : 1 혼합

- **차 우리기** 2g, 300mL, 90℃, 3분

- **차의 특징** 찻물색은 황색이고 구수하고 풋풋한 향이 났으며 단독보다 맛난 맛으로 개선되었다.

- **차 세팅** 찻잔은 파인 본차이나1957년 이후 산이고 접시는 로열 스탠더드Royal Standard의 파인 본차이나로 마거릿 로즈Margaret Rose 패턴이다.
- **차 브랜드** 영국 포트넘 앤 메이슨의 기문Keemun 홍차
- **구성** 홍차
- **차 우리기** 2.5g, 300mL, 100°C, 3분
- **차의 특징** 찻물색은 주황색이며 특유의 달고 탄 향미가 있었다.

## | 민튼 Minton |

- **차 세팅** 찻잔은 1873년산이고 접시는 헤머슬리의 본차이나, 드레스덴 스프레이 Dresden Sprays 패턴이다.
- **차 브랜드** 프랑스 상달프 St. DALFOUTR, 블랙체리 고메 Gourmet 티백, 영국산 퀸 앤 홍차 추가
- **구성** 가향차는 홍차, 향료체리, 퀸 앤 홍차
- **차 우리기** 1티백, 홍차 1g, 400mL, 100℃, 3분
- **차의 특징** 찻물색은 어두운 홍색으로 꽃 향이 강하지 않고 달콤한 홍차 향이 났다. 맛에도 향이 남아 있었다.
- **비고** 1793년 토머스 민튼 Thomas Minton이 설립해 초기 1810~1817년에는 도기에 블루전사지 기법으로 만든 중국풍 블루 제품을 출시하였고 19세기 초에는 프랑스의 세브르와 기술 교류로 더한층 발전된 제품을 출시하였다. 1860년대 초에는 유약에 흠집을 내 금을 흡수시키는 산화 에칭 도금 기술을 적용한 고가의 도자기 작품을 생산하였다.

- **차 세팅** 찻잔은 1873~1912년산의 양손잡이이고 소품으로 사용한 작은 잔은 1873~1920년산이다.
- **차 브랜드** 영국 트와이닝즈의 퓨어 다즐링 Pure Darjeeling
- **구성** 홍차
- **차 우리기** 5g, 500mL, 80°C, 2분
- **차의 특징** 찻물색은 주황색이고 다즐링의 향은 났으나 약간 떫었다.
- **비고** 건조차는 브로컨으로 무게가 많이 나가고 갈색잎이 많으나 초록색과 혼합되어 있고 건조차에 향이 별로 없었다. 차를 우리니 일부는 가라앉지 않고 위로 떴다.

- **차 세팅** 찻잔은 1891~1901년산 에소잔이다. 캐나다의 주얼리 회사 라이리 브로즈Ryrie Bros사와의 한정판으로 기록되어 있다. 꽃병은 영국산 애덤스ADAMS사의 아이언스톤Ironstone으로 영국 풍경 패턴이다.
- **차 브랜드** 독일 티칸네Teekanne, 루이보스-캐러멜차
- **구성** 루이보스차, 향료초콜릿
- **차 우리기** 1티백, 300mL, 100℃, 3분
- **차의 특징** 찻물색은 주황색으로 초콜릿 향을 띠며 단맛이 약간 났다.

- **차 세팅** 찻잔은 몬트로스Montrose, S 369패턴 트리오로 1930년대에 생산되었다.
- **차 브랜드** 스리랑카 티스토리 그레이프프루트 그린티앞, 국내 오설록 제주 순수녹차뒤
- **구성** 가향차는 녹차, 향료그레이프프루트, 순수녹차
- **차 우리기** 티백1과 2, 400mL, 80℃, 3분
- **차의 특징** 찻물색은 혼탁한 황록색으로 약한 과일 향과 풋풋한 향이 났고 약간 떫은맛이었다.
- **비고** 찻잔 패턴은 1902~1911년에 처음 나왔는데 벚꽃 문양으로 자포니즘 패턴을 한 리본을 사용해 신고전주의 디자인을 융합했다.

## 투스칸 Tuscan

- **차 세팅** 찻잔은 1907년산 트리오이다.
- **차 브랜드** 영국 포트넘 앤 메이슨의 퀸 앤 홍차에 레몬버베나차파라과이 원산을 클레이톤사에서 수입 **추가**
- **구성** 홍차, 레몬버베나
- **차 우리기** 1티백, 허브차 0.5g, 300mL, 100°C, 3분
- **차의 특징** 찻물색은 주홍색으로 달콤한 향과 레몬 향이 아닌 민트 향이 나고 홍차맛에 민트 향이 추가된 맛이다.
- **비고** 투스칸은 1876~1967년까지 운영되다가 1966년 웨지우드사에 합병되었다. 색채감이 선명하고 정교한 디자인으로 많은 패턴을 그려냈다.

- **차 세팅** 찻잔은 파인 본차이나1947년 이후 산 친즈이며 소품들은 웨지
우드의 제스퍼웨어이다.
- **차 브랜드** 국내 시그니엘호텔의 티 컬렉션인 감잎 레몬밤 차
- **구성** 국산 감잎 50%, 이집트산 레몬밤 50%
- **차 우리기** 1티백, 300mL, 100℃, 4분
- **차의 특징** 찻물색은 연한 황갈색으로 구수하고 풋풋한 향이 있고
감잎의 산뜻한 맛이 났다.

- **차 세팅** 찻잔은 파인 본차이나1947년 이후 산 트리오이다.
- **차 브랜드** 인도 산차 티 부티크, 히말라야 시킴SIKKIM차, 흐란트 크뤼Grand CRU
- **구성** 홍차
- **차 우리기** 2.5g, 300mL, 80℃, 3분
- **차의 특징** 찻물색은 옅은 주황색이고 묵은 향과 달콤한 향미를 띠었다. 건조차는 약간 매운 향이었고 실버, 갈색과 암녹색을 띠며 찻잎은 균일하지 않았다.
- **비고** 흐란트 크뤼는 프랑스 포도주 산지의 품질 좋은 포도주 표시를 한 것인데 이 차 브랜드에서는 해마다 티 마스터들의 품평에 따라 그랑프리가 정해진다.

## 폴리 Foley, E. B. Co.

- **차 세팅** 찻잔은 본차이나1939년 이후 산이다.
- **차 브랜드** 영국 하이그로브Highgrove, Prince of Wales Blend황태자 시절의 찰스
- **구성** 인도산 홍차, 스리랑카산 홍차
- **차 우리기** 2g, 300mL, 100°C, 3분
- **차의 특징** 찻물색은 주황색이고 전형적인 홍차 향에 맛도 무난하였다.
- **비고** 그 당시 폴리Foley라는 브랜드를 사용한 도자기 회사 다섯 곳 중 하나이다. 폴리 차이나는 E. Brain & Co. Ltd.이며 E. 브라이언E. Brain이 1885년에 폴리 차니아 웍스Foley China Works를 인수하여 1903년부터 E. Brain을 백스탬프에 사용하였지만 나중에 콜포트Coalport에 흡수되었다.

- **차 세팅** 찻잔은 파인 본차이나, 아르데코 셰이프이다. 꽃병으로 사용한 저그는 로열 앨버트 크라운 차이나1927~1935년산의 레이디 게이 패턴이다.

- **차 브랜드** 러시아 TESS, 실론의 하이그로운 홍차

- **구성** 홍차미세한 브로컨 상태

- **차 우리기** 1티백, 200mL, 100°C, 3분

- **차의 특징** 찻물색은 진한 주홍색으로 풋풋한 향을 띠며 진하고 약간 떫은맛이었다.

# 퀸 앤 Queen Anne

- **차 세팅** 찻잔은 본차이나1933~1966년산이고 친즈꽃무늬 티포트는 헤론
크로스 포터리Heron Cross Pottery이다.

- **차 브랜드** 부산 금정산 야생차

- **구성** 자가제 녹차

- **차 우리기** 3g, 300mL, 100°C, 3분

- **차의 특징** 찻물색은 담황색이고 햇차 향미가 났다.

- **비고** 퀸 앤은 쇼어 앤 코긴스Shore & Coggins사의 상품명으로 1933~
1966년까지 사용되었다.

- **차 세팅** 찻잔은 파인 본차이나1964~1966년산이고 블랙로즈 패턴이다. 슈거볼은 포트메리언의 랭던Langdon이고 핀디시는 델핀Delphine의 본차이나이다.

- **차 브랜드** 인도 기다파하르Giddapahar 다원, 다즐링 스프링 차이너리 Spring Chinary, 첫물차

- **구성** 홍차

- **차 우리기** 2.5g, 300mL, 90℃, 4분레시피: 2~5g, 180mL, 85~90℃, 4분

- **차의 특징** 건조차는 구수하고 풋풋하며 콩가루 냄새가 나고 갈색과 초록이 혼합되어 있으며 줄기도 보였다. 찻물색은 황색이고 약하지만 풋풋하고 향긋한 향미였다. 차를 우리니 찻잎 절반은 가벼워서 위로 떴다.

- **비고** 기다는 인도어로 독수리, 파하르는 산이며 차이너리는 차의 시조가 중국 품종이라는 의미이다.

# 로열 첼시 Royal Chelsea

- **차 세팅** 찻잔은 본차이나1943년 이후 산이며 티푸드 접시는 튀르키예산 핸드메이드이고 꽃포지는 크라운 스태포드셔의 파인 본차이나이다.
- **차 브랜드** 영국 포트넘 앤 메이슨의 사워 체리앤오렌지Sour Cherry & Orange 허브 혼합차
- **구성** 히비스커스, 사과, 로즈힙, 블랙베리잎, 체리8%, 오렌지필8%, 비트3%, 향료Sour Cherry
- **차 우리기** 1티백, 250mL, 100°C, 3분
- **차의 특징** 찻물색은 진한 자홍색으로 단 향과 신 향이 났으며 거의 신맛이었다.

- **차 세팅** 찻잔은 파인 본차이나1950년대산이고 꽃병으로 사용한 작은 티포트는 영국산 파인 본차이나CEJ로 핸드 메이드, 핸드 페인팅이다.
- **차 브랜드** 국내 오설록의 벚꽃 향 가득한 올레, 가향차
- **구성** 홍차, 후발효차, 반발효차, 로즈힙, 파인애플과 사과 다이스, 히비스커스, 왕벚꽃 향 혼합제
- **차 우리기** 1티백, 250mL, 90°C, 3분
- **차의 특징** 찻물색은 주홍색으로 벚꽃 향이 강하고 맛도 단맛은 있었지만 향이 따라왔다.

## 로열 스태포드 Royal Stafford

- **차 세팅** 찻잔1933년산, Rd. 787047은 골담초꽃Broom 패턴이다.
- **차 브랜드** 앞은 영국 터치 오가닉 레몬 그린티, 뒤는 싱가포르TWG, 모로칸 민트
- **구성** 레몬녹차, 민트차
- **차 우리기** 티백1과 2, 400mL, 100℃, 3분
- **차의 특징** 찻물색은 황갈색으로 스피어민트 껌의 향미가 났고 맛은 약간 떫었다.
- **비고** 로열 스태포드는 1845년에 설립되었으며 나중에 토머스 풀 Thomas Poole로 불린 스태포드셔사의 브랜드 이름이다.

- **차 세팅** 찻잔은 게렌티드 본차이나1952년산, 티포트는 영국산 스태포
드셔의 포틀랜드 포터리Portland Pottery이다.
- **차 브랜드** 인도 산차 티 부티크, 캐모마일-레몬그라스 허브차
- **구성** 캐모마일, 레몬그라스
- **차 우리기** 1g, 200mL, 100°C, 3분
- **차의 특징** 찻물색은 황색이고 캐모마일 향미가 우세하였다. 가루가
많아 건조차가 티백 밖으로 나왔으나 차를 우리니 가라앉았다.

# 콜클로 Colclough

- **차 세팅** 찻잔은 본차이나1945~1948년산 트리오이며 하늘색 바탕에 핑크 장미가 그려져 있다.
- **차 브랜드** 영국 포트넘 앤 메이슨의 로열 블렌드
- **구성** 홍차, 건조 제주 영귤
- **차 우리기** 2g, 300mL, 100°C, 3분우린 후 영귤 첨가
- **차의 특징** 찻물색은 주홍색인데 영귤을 첨가하니 색깔이 조금 밝아지고 신맛이 추가되었다.
- **비고** 제주산 영귤은 전기건조기에서 50°C로 24시간 건조한 것이다.

- **차 세팅** 찻잔은 본차이나1950년산 트리오이다.
- **차 브랜드** 영국 포트넘 앤 메이슨의 퀸 앤
- **구성** 아삼TGFOP과 실론차FBOP의 블렌딩 홍차
- **차 우리기** 2g, 300mL, 100℃, 3분
- **차의 특징** 찻물색은 주황색으로 달콤하고 향긋한 향과 풋풋하나 맛
난 맛을 띠었다. 건조차는 골든 팁이 많이 보이고 우린잎에는 갈색이
많으나 초록색도 보이며 달콤한 향이 남아 있었다.
- **비고** 동일한 차라도 우리는 물의 온도와 차의 함량에 따라 품평이
약간 달라진다.

# 크라운 스태포드셔 Crown Staffordshire

- **차 세팅** 찻잔은 1906년산 헨리 버크스앤손스 Henry Birks & Sons 한정판 으로 더블 백스탬프이며 그 이후에 나온 제품들과 색감 차이가 있다. 접시는 미국산 레녹스이다.
- **차 브랜드** 대만 청산靑山 홍차
- **구성** 홍차
- **차 우리기** 2g, 300mL, 100℃, 3분
- **차의 특징** 건조차는 잎이 크고 구불구불하며 실버 팁이 많았다. 건 조차에서 달고 구수한 향이 났다. 찻물색은 주황색으로 향기는 달고 풋풋했으며 약간 달고 떫은맛이었다.
- **비고** 크라운 스태포드셔사는 1901년에 창립되었고 1973년에 웨지 우드에 합병되었다.

- **차 세팅** 찻잔은 1930년 이전 산으로 Roltfogg Co., Ltd.와 더블 백스탬프이다. 글래스는 영국 여왕 취임 25주년의 실버 주빌리1952~1977년를 기념하는 잔으로 인그레이버 고블렛Engraved Goblet잔이라 한다. 정면에 잉글랜드 사자와 스코틀랜드 유니콘이 떠받들고 있다. 밑부분에는 왕실의 표어인 신과 나의 권리DIEU ET MON DROIT가 새겨져 있다. 캔들 홀드로 사용되는 소품 위에 있는 액체는 장미로 만든 코디얼Cordial이다.
- **차 브랜드** 중국 윈난 홍차전홍
- **구성** 홍차
- **차 우리기** 2.8g, 350mL, 100°C, 3분, 글래스 잔은 장미 코디얼 3스푼에 찬물과 얼음을 넣고 장미봉오리를 띄움불가리안 로즈티 스타일
- **차의 특징** 찻물색은 주황색으로 달콤한 향이 나며 맛은 떫지 않았다. 글래스의 코디얼 음료는 주황색으로 색깔은 좋지만 장미 향이 약해서 장미봉오리를 띄웠다.

# **빅토리아** Victoria C & E, Cartwright & Edeards

- **차 세팅** 찻잔은 본차이나1936년산이고 팬지 패턴이다.
- **차 브랜드** 영국 위타드, 아삼 티피 Assam Tippy
- **구성** 홍차
- **차 우리기** 1티백, 300mL, 100°C, 3분
- **차의 특징** 차를 우린 후 노란색과 보라색 팬지꽃을 5장 넣고 1분간 더 우렸다. 처음 찻물색은 밝은 주홍색인데 색깔이 진해지고 맛도 깊어졌다. 팬지 색깔은 빠르게 탈색되었다.

- **차 세팅** 찻잔은 본차이나1936년산이고 노랑수선화Jonquil 패턴, 핸드페인팅이다. 소품으로 사용한 손잡이 볼은 일본산 노리다케이고 핀디시는 로열 윈튼이다.
  - **차 브랜드** 미국 하니앤손스, 레몬 허벌 티Lemon Herbal Tea
  - **구성** 레몬, 페퍼민트
  - **차 우리기** 1티백, 300mL, 100℃, 5분
  - **차의 특징** 찻물색은 연한 황갈색이고 민트 향미가 강하였다.
  - **비고** 노랑수선화는 특히 향이 좋아 향수 소재로 이용되는 꽃이다.

# 벨 차이나 Bell China

- **차 세팅** 찻잔은 파인 본차이나1936~1966년산이고 셰이드 로즈Shade Rose 패턴이다. 접시는 영국산 퀸즈의 찻잔 받침으로 파인 본차이나이며 로지나 차이나Rosina China사 버즈 오브 아메리카Birds of America의 시리즈 1이다.
- **차 브랜드** 국내 하동의 무애산방, 벽아황
- **구성** 황차
- **차 우리기** 2.5g, 250mL, 90°C, 3분
- **차의 특징** 찻물색은 담황색으로 약간 달고 풋풋한 향이 나며 맛도 풋풋하고 담백하였다.
- **비고** 벨 차이나는 퀸 앤처럼 쇼어 앤 코긴스사의 또 다른 상품명인데 1911년에서 1966년까지 사용되었다.

- **차 세팅** 찻잔은 파인 본차이나1936~1966년산, 프레그런트Fragrant 패턴
이고 티푸드 접시는 헤머슬리의 본차이나이다.
- **차 브랜드** 스리랑카 믈레즈나의 캔디산 홍차와 영국 푸카의 시나몬
티 혼합
- **구성** 홍차, 계피
- **차 우리기** 1티백, 홍차 2g, 400mL, 100°C, 3분
- **차의 특징** 찻물색은 주황색이고 계피 향이 많이 났으며 맛은 계피
향이 약해지고 캔디산 홍차의 풋풋함이 더해졌다.

# 콜포트 Coalport

- **차 세팅** 찻잔과 저그는 1891~1920년산, 인디언 트리 패턴이며 접시는 스포드 코프랜즈 차이나Spode Copland's China의 인디언 트리로 가장자리가 실버 플레이트로 장식되어 있다.
- **차 브랜드** 국내 다질리언Darjeelian의 아이홉ioob, 유기농 루이 루비 ROOI RUBY
- **구성** 루이보스93.6%, 메리골드, 바닐라 조각
- **차 우리기** 1티백2g, 300mL, 100°C, 5분레시피: 250mL
- **차의 특징** 찻물색은 주홍색으로 달콤한 향과 약한 바닐라 향을 띠며 바닐라 향이 맛에 따라왔지만 진한 색깔에 비해 부드러운 맛이었다.
- **비고** 다질리언은 한국 자체 브랜드이다. 아이홉은 독일에서 제조된 유기농 차이다.

# 그로스버너 Grosvenor, Jackson & Gosling Ltd.

- **차 세팅** 찻잔은 본차이나1940년 이후 산, 발모랄 패턴이고 접시는 로열 덜튼, 에그볼은 앤슬리이다.
- **차 브랜드** 중국 무이산Wu Yi Mountain, 정산소종
- **구성** 홍차
- **차 우리기** 2g, 300mL, 100°C, 3분
- **차의 특징** 건조차는 입자가 가늘고 균일하였다. 찻물색은 진한 주황색으로 꽃 향, 탄 향이 별로 없고 달콤한 향이 났다. 맛은 정산소종답게 탄맛이 약간 있고 보디감이 있었다. 우린잎에도 달콤한 향이 남아 있었다.

# 로열 덜튼 Royal Doulton

- **차 세팅** 찻잔은 1901~1922년산 트리오이다.
- **차 브랜드** 독일 로네펠트, 다즐링
- **구성** 홍차
- **차 우리기** 1티백1.5g, 300mL, 90°C, 3분레시피: 3~4분
- **차의 특징** 찻물색은 주황색이고 향긋한 향미를 띠었다.

# 로열 스탠더드 Royal Standard

- **차 세팅** 찻잔은 1949년 이전 산으로 에소잔이고 티푸드 접시는 프랑스산이다.
- **차 브랜드** 일본 명차 8선 중에서 ㈜오차의 야마쿠치엔, 다카치에차
- **구성** 덖음녹차
- **차 우리기** 1티백, 200mL, 90°C, 2분
- **차의 특징** 찻물색은 연한 황록색이고 구수한 햇차 향미가 났다.

# 발모랄 차이나 Balmoral China

- **차 세팅** 찻잔은 1892~1909년산으로 추정된다. 티포트는 영국산 제임스 새들러인도 생산이고 아름다운 버뮤다 솔트 케틀 뷰Salt Kettle View를 그려서 Salt Kettle View라고 적혀 있다.
- **차 브랜드** 중국 무이암차 중 반천요무이암차의 5대 명총 중 한 종류
- **구성** 오룡차
- **차 우리기** 2g, 200mL, 90℃, 2분레시피: 8~10g, 100℃, 8~10회 우림
- **차의 특징** 한 번 세차한 후 우린 찻물색은 황색에 달콤하고 약한 훈연 향미가 있었으나 백계관보다 훈연 향미가 덜했다.
- **비고** 발모랄 차이나는 레드폰 & 드레이크포드R & D.의 파트너십으로 세워진 롱턴의 공방1892~1909년이다.

# 비스토 Bishop & Stonier

- **차 세팅** 찻잔은 아이언스톤 차이나Ironstone China, 1936년산 세트이다. 슈거볼이 큰 것은 그 당시 설탕을 중요시했기 때문이다. 차는 중국산 보이 숙차고를 우리는 유리 다구로 우렸다.

- **차 브랜드** 2013년 전통 방법으로 제조한 중국산 보이 숙차고

- **구성** 보이 숙차 100%

- **차 우리기** 1알0.6g, 250mL, 100℃, 약 5분

- **차의 특징** 전용 다구에 한 알을 넣어 용해될 때까지 우렸더니 찻물색은 초콜릿색이며 보이 숙차 특유의 곰팡이 향미는 나지 않고 담담한 향미를 띠었다.

- **비고** 비스토 공방은 1851년 설립되어 1876년 창립자 사후 1892년에 재탄생되었고 1933년 크레센트Crescent에 합병되었으나 이름은 유지되었다. 1936년 이후 백스탬프를 사용하지 않았고 1939년에 문을 닫았다.

# 콜링우즈 Callingwoods

- **차 세팅** 찻잔은 본차이나이다. 콜링우즈사는 1796년에 설립되었다.
- **차 브랜드** 영국 퀸 앤 홍차, 베티 나리디Betty Nardi, 라벤더Lavender 차
- **구성** 홍차, 라벤더
- **차 우리기** 1티백0.8g, 홍차 3.2g, 400mL, 100°C, 3분
- **차의 특징** 찻물색은 어두운 주홍색이고 라벤더 향미가 강하였다.
- **비고** 종류가 다양한 라벤더는 보라색 꽃이 피고 식물 전체에 정유 성분이 있어 향기가 난다. 심신의 긴장에 따른 불면증, 신경성 편두통 과 스트레스성 고혈압에 좋다.

## 칼튼 웨어 Calton ware

● **차 세팅** 찻잔은 그림이 있는 잔은 여성용이고 그림이 없는 잔은 남성용이다.

● **차 브랜드** 중국 무이암차 정암육계

● **구성** 오룡차

● **차 우리기** 3g, 200mL, 100°C, 1분150mL를 넣고 1회 세차 후 다시 우렸음

● **차의 특징** 찻물색은 등황색이고 꽃 향과 암운 향이 있었다. 탄 향은 나지만 진하고 좋은 맛이었다.

● **비고** 중국식으로 우리려면 차 8~10g을 160mL 열탕에 넣고 1초에서 10초 사이로 우리되 7~9번 우린다.

# 크레센트 Crescent, George Jones & Sons

- **차 세팅** 찻잔은 1924~1951년산이고 티푸드 접시는 로열 앨버트이다.
- **차 브랜드** 중국 대홍포, 무이산시 기명다예 Qi Ming Cha Ye, 과학연구소 출품
- **구성** 오룡차
- **차 우리기** 2g, 300mL, 100°C, 3분 200mL를 넣고 한 번 윤차한 후 사용
- **차의 특징** 찻물색은 황금색이고 달콤한 향과 약간 탄 향이 있었으며 중국 무이암차다운 깊은 맛이 있었다.

174

# | 델핀 Delphine 차이나 |

- **차 세팅** 찻잔은 1933년산, Rd. 788809이고 튤립꽃 패턴이며 같은 패턴의 꽃 손잡이 모양 찻잔을 소품으로 사용하였다.
- **차 브랜드** 일본 애프터눈 티, 재스민 홍차홍차는 중국, 인도산의 블렌딩
- **구성** 홍차, 재스민 향료
- **차 우리기** 1티백3g, 300mL, 100°C, 3분
- **차의 특징** 찻물색은 주황색이고 건조차에서는 중국차의 묵은 향이 났다. 찻물은 부드러운 재스민 향이 나고 꽃 향을 머금은 진한 홍차맛이었다.

# 존슨 브로스 Johnson Brothers

• **차 세팅** 찻잔의 패턴은 영원한 아름다움 Eternal beau 이며 핑크 리본으로 트리오이다. 디자이너는 사리나 마스체로니 Sarina Mascheroni 이다. 작은 볼은 헝가리 헤렌드이다.

• **차 브랜드** 국내 보성 무우차

• **구성** 우전 녹차

• **차 우리기** 2g, 300mL, 80°C, 3분

• **차의 특징** 찻물색은 연한 황록색이었으며 부드러운 햇차의 향미를 띠었다.

# 뉴 첼시 스탭스 New Chelsea Staffs

- **차 세팅** 찻잔은 1932년산이고 메이 타임May time 패턴이다. 작은 흰 꽃에 꽃 안에는 초록으로 양각 처리가 되어 있다. 티푸드 접시는 영국산 파라곤이고 꽃병으로 사용한 머그잔은 앤슬리사에서 엘리자베스 2세 여왕 즉위 60주년, 즉 다이아몬드 주빌리2012년산를 기념하려고 만든 파인 본차이나이다.

- **차 브랜드** 국산 시판 쑥차

- **구성** 쑥차

- **차 우리기** 1g, 300mL, 100°C, 5분

- **차의 특징** 찻물색은 황갈색이고 쑥 향미가 나지만 덖음 처리를 좀 많이 하여 탄내가 약간 났다.

- **비고** 뉴 첼시 스탭스는 1930년대에 핸드 페인팅으로 만들었다.

# 레드포즈 펜톤 Radfords Fenton

- **차 세팅** 찻잔은 본차이나1928년 이후 산이고 THE GATINEAU라고 적혀 있는데 캐나다 퀘벡에 가티노공원이 있다. 와인, 칵테일잔은 프랑스산이다.
- **차 브랜드** 중국 윈난 고수 홍차, 복숭아꽃차
- **구성** 홍차, 건조 복숭아꽃
- **차 우리기** 2g, 300mL, 100°C, 3분
- **차의 특징** 우리기 전의 건조차는 잎이 크고 골든 팁이 보이며 달콤한 향이 났다. 찻물색은 주황색으로 약간의 발효취를 포함하는 향미와 보디감이 있었다. 건조한 복숭아꽃으로 장식하였다.
- **비고** 와인잔에는 자가제 돌복숭아 와인을 넣었고 칵테일잔에는 같은 자가제 와인과 미국산 마르티넬리Martinellis 사과주스를 담았다.

# 로열 캐슬 Royal Castles

- **차 세팅** 찻잔은 파인 본차이나이고 티포트는 멜바Melba 본차이나 1933년산, Rd. 779310이다.

- **차 브랜드** 국내 옴니허브Omniherb의 제주 유기농 귤피차

- **구성** 감귤과피 100%

- **차 우리기** 1티백, 250mL, 100°C, 5분

- **차의 특징** 찻물색은 담황색으로 뿌옇게 우러났다. 신선한 향은 아니며 가열취이고 우린잎에서는 호박 삶은 향이 났다. 신선한 맛은 아니지만 자연스러운 맛이었다.

- **비고** 멜바 본차이나는 1906년에서 1941년까지 존재했으며 1920년~1930년대 아르데코 시기에 활발했던 공방이다. 6각이나 8각의 찻잔과 꽃 손잡이도 유명하다. 한편, Melba China Co., Ltd.1948~1951년라는 후발 회사가 또 있었다.

# 로열 스탠다리 Royal Standari

- **차 세팅** 찻잔은 본차이나이고 등나무 wistaria 패턴이다. 티푸드가 담긴 사각접시는 헤머슬리이고 핀디시는 로열 우스터이며 꽃병으로 사용한 저그는 파라곤이다.
- **차 브랜드** 국내 하동 쌍계제다 벽소령 우전
- **구성** 녹차
- **차 우리기** 3g, 250mL, 80°C, 3분
- **차의 특징** 찻물색은 맑은 황록색이고 무겁지 않은 구수한 향과 햇차의 맑은 맛을 띠었다.
- **비고** 건조차에서는 초콜릿 향이 났으며 우린잎에는 황록색이 많았다.

# 로열 스튜어트 Royal Stuart

- **차 세팅** 찻잔은 본차이나1950년산로 색깔이 다른 것이 2인용으로 적합하다.
- **차 브랜드** 스리랑카 플레즈나의 사워숍Soursop 티, 이그조틱 티an exotic tea라고 적혀 있음
- **구성** 홍차, 시트러스 향료
- **차 우리기** 1티백, 300mL, 100℃, 3분
- **차의 특징** 찻물색은 주황색이고 건조차에서는 신 향기가 났으나 찻물에서는 향긋한 과일 향이 나고 비교적 부드러운 과일맛이 났다.

# 로열 윈튼 Royal Winton

- **차 세팅** 찻잔은 로열 윈튼, 그림웨이즈Grimwades 트리오이며 친즈로 에트로 문양과 닮았다. 그림웨이즈는 1928년에 친즈 패턴으로 시작했으며 1929년부터 로열 윈튼으로 이름을 변경하였다.
- **차 브랜드** 스리랑카 믈레즈나, 딤블라 홍차
- **구성** 딤블라의 OP 등급 홍차
- **차 우리기** 2g, 300mL, 100℃, 3분
- **차의 특징** 찻물색은 주황색이고 묵은 향이 났으며 약간 떫은맛이 느껴졌다.
- **비고** 로열 윈튼은 1885년 레오나르드 럼스덴Leonard Lumsden 그림웨이드와 그의 형인 시드니 리차드Sidney Richard 그림웨이드가 스톡온트렌트에 설립한 그림웨이즈 리미티드에서 만든 토기 및 고급 본차이나 식기 브랜드이다. 꽃무늬가 있는 친즈로 유명하며 빙열이 있는 것이 많다.

# 테일러 앤 켄트 Taylor & Kent

- **차 세팅** 찻잔은 본차이나이고 접시는 일본산이다.
- **차 브랜드** 영국 포트넘 앤 메이슨, 일본 가고시마 증제차
- **구성** 녹차
- **차 우리기** 2g, 300mL, 75℃, 3분
- **차의 특징** 찻물색은 연한 황록색으로 햇차 향이 나며 녹차의 상큼한 맛이 있다.
- **비고** 증제차는 찻잎에 들어 있는 산화효소를 파괴하기 위하여 수증기를 찻잎에 통과시켜 만든 녹차이며 일본에서는 덖음차보다 증제차가 많이 생산된다.

# 9
# 유나이티드 킹덤(UK)의 꽃

영국의 정식 명칭은 그레이트 브리튼과 북아일랜드의 연합왕국United Kingdom of Great Britain and Northern Ireland으로 길다. 즉 잉글랜드England, 스코틀랜드Scotland, 웨일스Wales, 북아일랜드Ireland 네 나라Country로 형성된 연합왕국이다. 각 나라의 식문화가 다르며 국기와 국화도 다르다.

잉글랜드의 국화는 장미Rose인데, 장미는 찻잔 디자인의 소재로 많이 사용되는 꽃이다. 찻잔에 그려지는 장미의 종류와 형태도 많다. 큰 장미가 그려지기도 하고 작은 장미를 많이 그려 넣기도 한다. 장미 봉오리만 찻잔과 소스에 그린 것도 있다.

장미의 색깔 또한 다양하다. 핑크 색깔이 많은 편이며 장미 그림에 초록색이나 연두색 테두리를 하거나 리본이라도 둘러주면 금상첨화이다. 1800년대 말에서 1900년대 초기의 앤티크 찻잔에 장미 그림이 특히 많다.

스코틀랜드의 국화는 엉겅퀴Thistle이다. 엉겅퀴는 국화과에 속하는 다년생 풀꽃으로 생명력과 번식력이 강하다. 적군이 밤에 몰래 쳐들어왔다가 엉겅퀴 가시에 찔려 비명을 지르는 바람에 스코틀랜드 병사

들이 눈치를 채고 대책을 세워 적을 물리쳤다는 일화가 있다. 엉겅퀴
는 간 기능 개선 등 약효도 있는 식물이다.

웨일스의 국화는 수선화이다. 영국에서는 수선화를 대퍼딜Daffodil이
라 하며 찻잔의 그림 소재로 많이 사용한다. 수선화 종류 중 노랑수선
화Jonquil는 특히 향이 좋아 향수 소재로 이용되는데, 영국 기타 편에서
이 꽃을 그린 찻잔을 소개했다.

북아일랜드의 국화는 토끼풀클로버로 번역되는 샴록이다. 북아일랜
드의 벨릭Belleek 지방에는 1859년에 설립된 벨릭 도자기 회사가 있는
데 가볍고 단단한 특수소재 도자기의 흰색 바탕에 주로 샴록을 그리
는 것이 특징이다.

# 장미 Rose, 잉글랜드의 국화

- **차 세팅** 찻잔은 앤슬리의 본차이나1934~1950년대산 트리오이고 블루 로즈이다. 티포트는 독일산 로젠탈 젤프Selb 바바리아, 발모랄이다.
- **차 브랜드** 캐나다 데이비드사의 허브 녹차 블렌딩
- **구성** 녹차, 오렌지필, 계피
- **차 우리기** 2g, 200mL, 100℃, 3분레시피: 5분
- **차의 특징** 찻물색은 연한 황색이고 계피 향이 우세하며 단맛이 났지만 매운맛도 있었다.
- **비고** 녹차는 갈색으로 건조차에서 뚜렷하게 구별이 안 되었고 오렌지필은 입자로 보였으며 계피 향이 강하게 났다. 차를 우리니 녹차잎이 펼쳐지고 가루도 있었다.

- **차 세팅** 찻잔은 로열 첼시의 본차이나1943년 이후 산, 티포트는 웨지우드의 본차이나WWRD, 2009년 이후 산, 버터플라이 블룸Butterfly Bloom이다.
- **차 브랜드** 국내 하동 고뿌레 홍차
- **구성** 홍차
- **차 우리기** 3g, 300mL, 90°C, 3분
- **차의 특징** 찻물색은 연한 주황색이고 달콤한 향과 발효 향이 났으며 탄맛이 나지 않고 단맛이었다.

- **차 세팅** 찻잔은 로열 첼시의 본차이나1943년 이후 산이다.

- **차 브랜드** 영국 푸카, 민트 리프레시 Refresh

- **구성** 페퍼민트50%, 감초20%, 펜넬씨10%, 히비스커스, 장미, 코리안
더씨

- **차 우리기** 1티백, 300mL, 100°C, 10분 레시피: 15분

- **차의 특징** 찻물색은 갈황색이고 민트 향이 강하며 민트맛이 나고
뒷맛은 달았다.

- **차 세팅** 찻잔은 로열 앨버트의 본차이나1960년대산, 메리 영국 시리즈 Merrie England Series, 트렌담Trentham, 영국의 도시 이름으로 이곳 정원의 장미로 추정 패턴이고, 티푸드 볼은 미국산 실버 오브레이이다.

- **차 브랜드** 중국 2016년산 대홍포푸젠성의 무이암차

- **구성** 산화도가 높은 오룡차

- **차 우리기** 2g, 200mL, 100℃, 2분150mL에 세차 후 사용

- **차의 특징** 찻물색은 등황색이고 특유의 암운 향과 달콤한 향, 구수한 향이 나고 보디감이 있으며 깊은 맛이 났다.

- **비고** 푸젠성 북쪽 무이산 지역은 민북우롱이라 하고 남쪽 안계 지방은 민남우롱이라 한다.

- **차 세팅** 찻잔은 로열 앨버트의 본차이나1962~1973년산, 황실 장미 Old Country Rose이고 저그는 같은 연도에 생산되었으며 장미 문양이 통상의 황실 장미보다 크다. 치즈돔은 잔과 같은 문양의 본차이나1973~1993년산 이다.
  - **차 브랜드** 미국 리시의 민들레 디톡스차
  - **구성** 오룡차, 보이차, 볶은 민들레 뿌리, 레몬, 계피, 생강
  - **차 우리기** 1티백3g, 300mL, 90°C, 3분
  - **차의 특징** 찻물색은 어두운 주황색으로 계피 향이 우세하고 달콤한 향이 났으며 생강맛과 쓴맛이 있었다.
  - **비고** 황실 장미의 오리지널에는 백스탬프에 1962라는 글이 적혀 있지 않다. 1998년에서 2002년에 생산된 것은 주로 아시아 생산인데 인도네시아산은 잉글랜드England가 빠져 있고 중국산은 본차이나Bone China 대신에 메이드 인 차이나Made in China가 적혀 있다.

- **차 세팅** 찻잔은 퀸 앤의 본차이나1964년 이후 산 트리오이다.
- **차 브랜드** 1. 국내 춘파다원 발효차, 2. 캐나다 데이비드차
- **구성** 1. 홍차, 2. 생강, 그린 루이보스, 검정 통후추, 흰 후추, 핑크
통후추, 스테비아 추출물, 향료
- **차 우리기** 발효차 1g, 허브차 3g, 500mL, 100°C, 5분
- **차의 특징** 찻물색은 황갈색으로 달콤한 향이 있으나 생강 향이 강
하고 약간 단맛을 띠는 건강한 맛을 냈다. 우릴 때 재료가 가벼워 위
로 많이 뜨는 편이었다.

# 엉겅퀴 Thistle, 스코틀랜드의 국화

- **차 세팅** 찻잔은 셸리의 파인 본차이나, 왼쪽 잔은 스트라포드Stratford, 1950~1965년산 셰이프, 오른쪽은 데인티1945~1966년산 셰이프의 엉겅퀴 패턴이다. 모든 소품은 셸리의 같은 패턴이다.
- **차 브랜드** 부산 금정산 야생차4월 20일 이후 수확
- **구성** 자가제 녹차, 로즈버드
- **차 우리기** 3g, 450mL, 80°C, 3분
- **차의 특징** 찻물색은 맑은 연두색이고 햇차 향미가 났으며 로즈버드로 장미 향이 부가되었다.

• **차 세팅** 찻잔은 로열 스탠더드의 본차이나1960년대산이고 엉겅퀴 패턴으로 스코트 엠블렘Scots Emblem이라 적혀 있다. 양 귀접시는 파라곤으로 1963년 이후 백스탬프를 하고 있다.

• **차 브랜드** 일본 쓰시마大石 농원 제다공장의 홍차

• **차 우리기** 1티백2.5g, 300mL, 100℃, 3분

• **차의 특징** 찻물색은 주황색으로 꽃 향과 풋풋한 향이 있으며 약간 떫은맛이었지만 뒷맛은 달콤하였다.

- **차 세팅** 찻잔은 콜클로의 본차이나1962년 이후 산, 소품의 피겨린은 로
열 덜튼이다.
- **차 브랜드** 캐나다산 데이비드차, 과일 혼합 녹차
- **구성** 녹차, 아몬드, 토스트 월넛, 파인애플
- **차 우리기** 2g, 300mL, 100°C, 4분
- **차의 특징** 찻물색은 연한 연두색으로 혼탁하고 견과류 향을 띠며
녹차의 떫은맛이 없는 부드러운 맛이었다. 녹차의 함량은 미미한 듯
하였다.

- **차 세팅** 찻잔은 본차이나, 왼쪽은 로열 앨버트1970년 이후 산 하이랜드 시슬 패턴이고 오른쪽은 로열 덜튼1938년산의 글래미스 시슬 패턴이다.

- **차 브랜드** 스리랑카 베질루르, 러브스토리

- **구성** 홍차48%, 녹차48%, 비름2%, 천연향료아몬드, 장미 2%

- **차 우리기** 2티백, 400mL, 90℃, 3분

- **차의 특징** 찻물색은 주홍색으로 건조차에서도 강했던 향료에서 유래한 장미 향과 견과류 향미를 띠었다.

- **비고** 글래미스 패턴은 1937년에서 1961년까지 생산되었는데 스코틀랜드에서 유명한 글래미스성에서 엘리자베스 여왕이 소녀 시절을 보냈다. 성 주위에 있는 꽃으로 스코틀랜드의 국화인 엉겅퀴를 그렸다. 당시 최고 아티스트인 퍼시 크녹Percy Curnock의 사인이 있지만 전사 작품이다.

- **차 세팅** 찻잔은 앤슬리 1926~1934년산의 트리오이다. 영국에서는 수선화를 대퍼딜 Daffodil 이라고 한다.
- **차 브랜드** 영국 히스앤헤더의 유기농 페퍼민트차, 자가제 노랑 비트차
- **구성** 페퍼민트, 비트
- **차 우리기** 노랑 비트차 5g, 500mL, 100℃, 5분, 히스앤헤더 1티백, 300mL, 100℃, 3분
- **차의 특징** 각각 우려서 혼합한 찻물색은 진한 황색이고 페퍼민트의 멘톨 향과 비트차에서 나오는 구수한 향미가 났다. 나중에 감귤류 조각을 넣어 상큼하게 하였다.

- **차 세팅** 찻잔은 앤슬리의 본차이나1934~1939년산이고 꽃병과 접시로 사용한 잔은 영국 프리뮬라 솔즈베리Primula Salisbury의 파인 본차이나 이다.

- **차 브랜드** 중국 무이수선

- **구성** 오룡차

- **차 우리기** 2g, 250mL, 100°C, 3분

- **차의 특징** 찻물색은 주황색이고 달고 탄 향미가 있었다.

- **비고** 무이수선은 오룡차의 종류로 무이암차 중 약 60%를 차지하며 가장 대중적이고 인기 있는 품목이다. 부드러운 꽃 향과 단맛이 좋은 차로 알려져 있다.

- **차 세팅** 찻잔은 셸리의 뉴케임브리지New Cambridge 셰이프1951년산이
고 수선화daffodil time 패턴이다.
- **차 브랜드** 영국 포트넘 앤 메이슨의 현미녹차는 일본 생산
- **구성** 녹차, 현미, 금귤 추가
- **차 우리기** 3g, 300mL, 90°C, 3분
- **차의 특징** 찻물색은 담황색으로 구수하고 향긋한 향미에 금귤을 넣
으니 감귤류 향이 추가되었으며 색깔이 좀 밝아졌다.

- **차 세팅** 찻잔은 왼쪽은 영국 콜클로<sub></sub>Colclough, Ridgway Potteris Ltd.의 본차이나1962년 이후 산이고 오른쪽은 영국 벨 차이나의 파인 본차이나이다. 수선화꽃 패턴들이다.

- **차 브랜드** 베트남산, 왼쪽은 재스민 녹차, 오른쪽은 연꽃 향 녹차

- **구성** 녹차, 향료재스민, 연꽃

- **차 우리기** 각각 1티백2g, 300mL, 90°C, 3분

- **차의 특징** 왼쪽의 찻물색은 황록색녹색이 조금 진한이고 연한 재스민꽃 향이 나며 꽃 향이 남아 있는 녹차맛이었다. 오른쪽의 찻물색은 황록색이고 은은한 연꽃 향을 띠며 풋풋하고 구수한 녹차맛이었다.

- **차 세팅** 찻잔은 영국 북아일랜드산 벨릭 Belleek, 1965~1980년대산의 테니스스넥 세트이다. 샴록클로버은 영국 북아일랜드 지역을 상징하는 식물이다.

- **차 브랜드** 일본 루피시아 Lupicia, 아다지오 ADAGIO 루이보스차

- **구성** 루이보스, 향료 그레이프프루츠, 레몬그라스

- **차 우리기** 1티백, 300mL, 100°C, 3분

- **차의 특징** 찻물색은 연한 주황색이고 향은 그레이프프루츠의 향이 나지만 맛은 느껴지지 않았다.

- **비고** 루피시아는 홍차, 일본차, 오룽차를 기본으로 가향차와 허브차 등 연간 400종류 이상의 차를 제공하는 일본 브랜드이다. 연초나 연말 등 각종 이벤트 상품들을 많이 출시하기로 유명하다. 본사는 일본의 지유카오카에 있으며 티룸을 운영하고 있다.

  http://www.lupicia.com

- **차 세팅** 찻잔은 영국산 아이리시 패리언Irish Parian, 도니골 차이나 Donegal China의 빈티지이며 샴록클로버 패턴이다. 도니골은 북아일랜드 의 주카운티 이름이다. 꽃병은 벨릭1946~1955년산이다.
- **차 브랜드** 프랑스 쿠스미Kusmi, 허브 혼합 중국 녹차
- **구성** 녹차, 진저, 레몬
- **차 우리기** 2g, 300mL, 100°C, 3분
- **차의 특징** 찻물색은 황갈색으로 생강과 레몬 향이 녹차에 숨어 강 하지 않고 약간 달콤한 향이 났다. 맛은 생강맛이 지배적이었다. 우린 잎에도 생강 향이 남아 있었다.
- **비고** 쿠스미사는 1867년 러시아에서 쿠스미초프Kousmichoff가 티하 우스로 시작하였고 1917년 러시아혁명 때 프랑스로 망명하여 새롭게 탄생되었다. 디톡스차가 특히 유명한데 공통적으로 녹차가 포함되어 있다.

# 10
# 영국 왕실 관련 잔과 체크무늬 잔
## (Tartan 시리즈)

영국 왕실의 기념행사를 넓게는 코로네이션coronation이라고 하는데 대표적인 것이 즉위식, 대관식, 결혼식 등이다. 행사를 기념하는 찻잔 등 기념품을 출시한 역사는 오래되었고, 빅토리아 시대의 기념품들은 영국의 박물관에서 볼 수 있다. 이 책에서 소개한 1900년대 초 생산된 기념잔에는 왕과 왕비가 그려져 있다.

1935년 파라곤에서 조지 5세의 즉위 25주년실버 주빌리을 기념한 꽃 손잡이 작은 머그잔을 출시하였는데 왕과 왕비의 사진이 나란히 들어 있으며 실버 주빌리라 그런지 잔 윗부분의 테두리와 아래편이 골드가 아닌 실버로 처리되어 있다. 1953년 엘리자베스 2세 여왕의 즉위식 사진이 있는 기념 찻잔을 비롯한 다양한 제품은 흔히 볼 수 있다.

다이애나비도 영국의 앤티크를 좋아했는데 그녀가 좋아했다는 앤슬리 찻잔을 본문에 소개했으며 1981년 결혼기념품도 함께 실었다. 한편, 앤티크는 아니지만 올드 빈티지 찻잔 중 킬트Killt라고 하는 스코틀랜드의 민족의상Tartan과 같은 체크무늬가 그려진 것이 있다. 영국이 스코틀랜드와 합병한 후 민족 정체성을 없애려고 일시적으로 이 민

속의상을 입는 것을 금지한 적도 있지만, 18세기 말에 해제되었으며 1815년부터는 타탄의 등록제도가 생겼다.

미묘하게 다른 체크무늬와 색상은 각 씨족을 상징한다. 타탄 찻잔이 생산된 연도는 1940~1970년 사이이며 로열 앨버트와 로열 스태포드에서 많이 생산하였다. 체크 리본 안에 가문의 문장이 들어 있는 것도 있고 꽃과 함께 리본이 그려져 있는 것도 있다.

# | 영국 왕실 관련 잔 |

- **차 세팅** 찻잔은 와일만, 더 폴리 차이나1901년산, Rd. 380408, 에드워드 7세의 대관식 기념잔이다. 티푸드 접시는 셸리의 파인 본차이나1945~1966년산이다. 꽃병은 앤슬리의 펨브르크Pembroke이다.
- **차 브랜드** 영국 포트넘 앤 메이슨의 로열 블렌드 홍차
- **구성** 인도산 아삼 홍차, 스리랑카산 홍차
- **차 우리기** 3g, 400mL, 100℃, 3분
- **차의 특징** 찻물색은 주황색이고 전형적인 홍차 향미가 있었다.
- **비고** 펨브르크는 꽃과 새가 그려져 있는 동양적인 문양을 가지고 있다.

- **차 세팅** 찻잔은 후기 폴리 셸리의 트리오로 데인티Dainty 셰이프1911년산이고, 조지 5세 즉위 기념잔이다.

- **차 브랜드** 스리랑카 딜마Dilmah의 애플차

- **구성** 홍차, 사과 향료5%

- **차 우리기** 1티백, 300mL, 100°C, 3분레시피: 3∼5분

- **차의 특징** 찻물색은 주황색이고 사과 향이 나지만 향으로 넣었기 때문에 신맛은 나지 않고 떫지도 않은 자연스러운 맛이었다.

- **비고** 딜마는 1988년에 창업했으며 한국에 정식 수입되는 순수 실론차를 제공하는 브랜드이다. 세계 100개 이상의 나라에 수출되어 소비된다.

• **차 세팅** 찻잔은 앤슬리 1925~1934년산 트리오이며 다이애나비가 좋아했던 찻잔으로 알려져 있다. 나머지는 다이애나비와 찰스 왕세자 결혼 기념품인 앤슬리 파인 본차이나 1981년산이다. 세인트 폴 대성당 1981년에서 식이 거행되어 제품 뒤편에 자세한 사항이 기록되어 있다.

• **차 브랜드** 국내 수입업체 티에리스의 다즐링 첫물차, 싱불리티이 문샤인 Singbulii T.E. Moon Shine

• **구성** 홍차

• **차 우리기** 2g, 300mL, 90°C, 3분

• **차의 특징** 건조차는 갈색과 실버, 연두색이고 가볍게 보였다. 찻물색은 담황색으로 투명하고 장미 향이 나며 향긋한 맛이었다. 우린 후에 샤인머스캣 포도 조각을 넣었다.

- **차 세팅** 찻잔은 파라곤의 파인 본차이나1982년산로 윌리엄 왕자 탄생 기념 러빙 머그잔이며 티포트는 포트메리온의 카듀Cardhu이다. 핀디시는 뉴질랜드산이다.

- **차 브랜드** 스리랑카 딜마의 브렉퍼스트strong & full-bodied tea가 적혀 있음

- **구성** 스리랑카산 딤블라 홍차

- **차 우리기** 1티백, 250mL, 100°C, 3분레시피: 220mL, 3~5분

- **차의 특징** 건조차는 미세한 브로컨 상태이다. 찻물색은 주홍색이고 달콤한 향이 나며 시간이 지나자 빠르게 진해지나 쓴맛은 적었다.

- **비고** 소품으로 사용한 티포트는 포트메리온의 보타닉 가든Botanic Garden 디자인1980년산이며 아티스트는 수잔 엘리스 윌리엄Susan Ellis William이다. 핸드메이드와 핸드페인팅으로 되어 있다. 카듀는 포트메리온과 폴 카듀가 협업하여 만들어낸 장식용 미니어처 티포트이다.

• **차 세팅** 찻잔은 영국 켄싱턴궁Historic Royal Palace's에서 구입한 파인 본차이나이고 핀디시 역시 로열 컬렉션, 파인 본차이나2002년산로 엘리자베스 2세 여왕의 골든 주빌리1952~2002년 기념품이다. 만든 회사는 케버스월 차이나Caverswall China, 1973년에 창업이다. 꽃병은 영국산 콜포트 1986년산로 여왕의 60세 생일을 기념하려는 것이며 작가는 에스케이 스미스SK Smith, 1934년 출생이다. 와인잔은 체코산이다.

• **차 브랜드** 영국 웨지우드 순수Pure 다즐링

• **구성** 홍차

• **차 우리기** 1티백2g, 300mL, 100℃, 3분

• **차의 특징** 건조차는 미세한 브로컨 상태이다. 찻물색은 주황색으로 구수한 향이 나고 풋풋하며 조금 떫은 맛도 있으나 전체적으로 구수한 맛이었다.

# 체크무늬 잔 Tartan 시리즈

- **차 세팅** 찻잔은 로열 스태포드의 본차이나 1940년대산 타탄 시리즈이다. 노바스코샤 NOVA SCOTIA, 지역 이름라 적혀 있다.
- **차 브랜드** 영국 립톤의 잉글리시 브렉퍼스트
- **구성** 홍차
- **차 우리기** 1티백, 300mL, 100℃, 3분
- **차의 특징** 찻물색은 연한 주홍색으로 전형적인 홍차의 향미를 띠었으며 다소 떫어 밀크티용으로 적합하다.
- **비고** 스코틀랜드에는 가문마다 고유한 타탄 문양 체크무늬이 있는데 스코틀랜드의 상징적 의미가 있다.

- **차 세팅** 찻잔은 로열 스태포드의 본차이나1940년대산 타탄 시리즈
이다. 스코틀랜드 상징인 타탄, 야생화인 헤더가 그려진 패턴, 잔 밖
의 윗부분에는 버추어 에 오페라Virture et Opera가, 아래편에는 맥더프
MacDuff, 도시 이름가 적혀 있다. 티푸드 접시는 로열 앨버트의 소스이다.

- **차 브랜드** 중국 정산소종

- **구성** 홍차

- **차 우리기** 3g, 400mL, 100°C, 3분

- **차의 특징** 건조차에서 달콤한 향이 났다. 찻물색은 주황색이고 달
콤한 향을 띠었으며 훈연향 없이 부드러운 발효차맛이었다.

- **비고** 와인잔에 얼굴 모양이 장식된 것은 카메오라고 한다. 그 안에
는 우린 찻물 150mL에 델몬트 포도주스 100mL를 혼합한 것이 있다.

# 11
## 특이 모양 잔
### (나비와 꽃 손잡이, 사각 형태 잔 등)

특이 모양 찻잔 중 나비 또는 꽃 손잡이 찻잔의 스토리텔링이 재미있다. 나비 손잡이는 1800년대 말에 시도되었는데 자포니즘<sub>일본풍</sub>의 영향을 받았다. 가장 유명한 곳은 앤슬리인데 1931년 7월에 에드워드<sub>Edward</sub> 황태자가 앤슬리 공장을 방문했고 그해 가을에 튤립 셰이프<sub>shape</sub>의 잔에 나비 핸들을 한 찻잔들이 생산되어 메리<sub>Mary</sub> 왕비에게 헌상되었다.

이 책에는 노란색 찻잔<sub>Rd. 765788</sub>을 올렸지만 같은 셰이프의 연두색 <sub>Rd. 765789</sub>과 꽃무늬가 있는 작은 잔<sub>Rd. 765789</sub>도 소유하고 있다. 모두 같은 해에 생산되었다. 같은 셰이프이면서 파스텔톤인 찻잔과 티포트도 보이는데 1980년대에 재현된 것으로 알고 있다. 2000년대에도 시도했지만 전문 도공의 은퇴 등의 이유로 더는 만들 수 없었다.

한편 꽃 손잡이 모양의 핸드 메이드 잔도 1930년대부터 유행하였는데 파라곤에서 생산되는 것이 고품질이며, 일상에서 잘 사용하지 못하고 감상용이라 캐비닛<sub>cabinet</sub> 찻잔이라 불린다.

어떤 잔은 찻잔 밖에는 꽃 그림이 없고 찻잔 내부에 화사하게 꽃이 들어 있는 것도 있는데 매우 아름답게 보인다. 브랜드마다 꽃의 형태들이 조금씩 다르다.

찻잔의 셰이프가 사각인 것도 있는데 파라곤의 홍차 잔에 사각형이 예쁜 것이 많으며, 찻잔 내부에 장미꽃이나 은방울꽃, 치자꽃 가드니아 등이 화사하게 그려져 있다.

- **차 세팅** 찻잔은 앤슬리1931년산, Rd. 765788의 나비 손잡이이다.
- **차 브랜드** 영국 티 피플Tea people, 유기농 캐모마일차
- **구성** 캐모마일차
- **차 우리기** 1티백2g, 200mL, 100℃, 3분
- **차의 특징** 찻물색은 투명한 담황색이고 향기는 캐모마일 본연의 향
으로 국화차보다 약하며 맛은 순하고 부드러웠다.

• **차 세팅** 찻잔은 멜바Melba 본차이나1926년산, Rd. 718351, 커피잔 트리오 이고 한련화 패턴 중 복숭아 색깔Nasturtium Peach Melba이다.

• **차 브랜드** 영국 포트넘 앤 메이슨, 엘리자베스 여왕 즉위 70주년 기 념 홍차

• **구성** 중국, 스리랑카, 인도 홍차의 블렌딩

• **차 우리기** 3g, 400mL, 100°C, 3분

• **차의 특징** 찻물색은 주홍색으로 부드럽고 달콤한 향이 났으며 맛도 떫지 않고 맛있었다.

- **차 세팅** 찻잔은 멜바Melba 본차이나1926년산, Rd. 718351 홍차잔 트리오
이고 한련화 패턴이다. 티포트1933년산도 동일한 세트이다.
- **차 브랜드** 독일 로네펠트, 얼그레이 홍차
- **구성** 얼그레이 홍차
- **차 우리기** 1티백, 300mL, 100℃, 3분레시피: 3~4분
- **차의 특징** 찻물색은 어두운 주황색으로 신 향이 나는 베르가못 향
이 있지만 맛은 신맛이 없고 약간 떫은맛이었다.

• **차 세팅** 찻잔은 앤슬리 꽃 손잡이1926~1934년산, 코스모스 패턴의 트리오이다. 같은 패턴의 슈거볼과 저그도 소품으로 사용하였다.

• **차 브랜드** 뉴질랜드 티니Teany, 소화Digest차

• **구성** 페퍼민트, 히비스커스

• **차 우리기** 1티백2g, 300mL, 100°C, 3분레시피: 3~5분

• **차의 특징** 찻물색은 어두운 주황색으로 향은 민트 향과 달콤한 향, 약간의 새콤한 향이 났고 민트맛과 신맛을 띠었다.

- **차 세팅** 찻잔은 델핀 차이나1933년산, Rd. 788308, 꽃 손잡이이고 튤립 꽃 패턴의 데미 타세 잔 트리오이다.

- **차 브랜드** 국내 하동 쌍계제다의 세작, 레몬그라스차

- **구성** 왼쪽은 녹차, 오른쪽은 레몬그라스차

- **차 우리기** 왼쪽은 1티백1.2g, 250mL, 80°C, 3분, 오른쪽은 1티백1g, 250mL, 100°C, 3분

- **차의 특징** 각각 우려 혼합한 차의 찻물색은 황록색으로 풋풋하고 달콤하다. 구수한 향이 나며 부드럽고 향긋한 맛이었다.

- **차 세팅** 찻잔은 크라운 스태포드셔의 꽃 손잡이 1930년대 이전 산이다.

- **차 브랜드** 국내 보성 운해다원

- **구성** 세작 녹차

- **차 우리기** 3g, 300mL, 80°C, 3분

- **차의 특징** 찻물색은 연한 황록색이고 향긋한 햇차 향미가 나며 부드러웠다.

- **차 세팅** 찻잔은 스탠더드 차이나1930년산, Rd. 760470, 튜더Tudor 셰이프의 사각잔이다.

- **차 브랜드** 독일 티칸네, 캐모마일차, 국내 보성 운해다원 감국차

- **구성** 캐모마일, 감국

- **차 우리기** 1티백, 300mL, 100°C, 5분레시피: 5~8분

- **차의 특징** 찻물색은 연한 황색이며 통상적인 캐모마일 향미였다. 감국차는 우린 차에 몇 송이 추가하였다.

- **차 세팅** 찻잔은 꽃 손잡이 1933~1934년산로 왕실 인증의 워런트warrant
를 가지고 있는 수선화 패턴이다.
- **차 브랜드** 태국 라나Lanna, www. LANNAT.com차, 헬스 블렌드차Health
Blend Tea
- **구성** 녹차치앙마이산, 자오굴란Jiaogulan, 바나바Banaba, 멀베리Mulberry,
뽕잎, 레몬그라스
- **차 우리기** 3g, 300mL, 100°C, 3분
- **차의 특징** 찻물색은 혼탁한 등황색이며 건조차는 구수한 향이 있었
으나 우린 차는 민트 향이 나고 민트 향이 따라오는 구수한 맛이었다.
- **비고** 자오굴란은 돌외잎인데 체지방과 콜레스테롤을 감소시킨
다. 바나바의 당뇨와 고혈압 저감 효과에 관련되는 성분은 코로솔산
corosolic acid으로 연구된 바 있다. 뽕잎은 당뇨나 콜레스테롤 저감 효과
에 대한 연구가 많다.

- **차 세팅** 찻잔은 영국산 로열 윈튼, 얼리 타임 티 세트이다.
- **차 브랜드** 국내 수입업체 티에리스의 닐기리 카일베타 다원 프로스트 시즌Kairbetta T.E. Frost Season SFTGFOP, Sp1 등급
- **구성** 홍차
- **차 우리기** 2.5g, 300mL, 90°C, 3분
- **차의 특징** 찻물색은 황록색으로 향긋하고 풋풋한 향이며 발효가 덜 된 듯하나 물을 약간 식혀서인지 맛은 떫지 않았다.
- **비고** 영국에는 하루에 티타임이 많은데 아침에 남편이 부인을 위해서 침실로 가지고 가는 것이 남성이 여성을 위해서 하는 유일한 티타임이다. 찻잔이랑 소품들이 트레이에 고정되어 흔들림 없이 되어 있으며 샌드위치 홀드까지 갖추고 있는 것이 유니크하다.

● **차 세팅** 찻잔은 영국산 올드 찻잔특이사항, 1800년 초 영국에서는 잔 받침 한 개
에 찻잔과 커피잔을 번갈아 사용한 적도 있으며 그 당시 앤티크라는 표시는 소스가 편편하지 않고
볼 모양으로 오목하다는 것임

● **차 브랜드** 스리랑카 베질루르, 레드 토파즈Red Topaz

● **구성** 홍차, 수레국화, 체리, 키위, 합성향료아몬드와 민트

● **차 우리기** 2g, 250mL, 100°C, 3분레시피: 3~5분

● **차의 특징** 찻물색은 진한 주황색이며 아몬드의 합성향이 강해 초콜
릿 같은 향이 나지만 전체적으로 부자연스러웠다.

● **비고** 커피잔과 티잔이 세트로 있으며 소스가 두 개인 것은 1840년
이후부터라고 한다. 그전에는 티잔과 커피잔에 소스는 한 개가 세트
로 되어 있는 것도 있었다.

# 12
# 계절별 앤티크

차 세팅을 해보면 계절마다 잘 어울리는 찻잔들이 있다. 로열 앨버트의 블러섬 타임<sub>실제는 사과꽃을 표현함</sub>은 잔과 소스에 벚꽃이 활짝 피어 있는 듯 보여 그 계절에 실내외에서 벚꽃과 함께 즐기면 환상적이다. 로열 앨버트의 세레나<sub>Serena</sub>도 잔과 소스에 온통 핑크색 장미가 그려져 있어 봄에 화사하게 보이는 잔이다. 벚꽃이 그려진 영국 잔을 가끔 볼 수 있는데 여기서는 헤머슬리의 벚꽃 잔을 사용해보았다. 셸리의 야생화 찻잔도 어울리며 봄꽃과 함께라면 더욱더 좋다.

여름의 차 세팅으로는 여름꽃이 그려진 찻잔과 찻잔 색깔이 시원해 보이는 것이면 좋다. 크라운 스태포드셔의 접시꽃이 그려진 찻잔 세트는 예뻐서 여기에 여름 들꽃이라도 추가하면 깜찍하게 느껴진다. 로열 앨버트의 프로빈셜 시리즈에서 초록 바탕 잔에 흰색 꽃 패턴이 시원해 보이며, 여기에 초록색 글라스 잔을 함께 매치하면 시원함이 배가된다.

여러 명이 같이하는 여름 티 웨어는 블루 테이블보에 웨지우드의 퀸즈웨어 라벤더 온 크림<sub>크림색 바탕에 블루 문양</sub> 찻잔과 블루 글라스 잔을 매치하면 소박한 색깔인데도 화려함을 느끼게 해준다.

가을용 찻잔으로는 로열 우스터의 블러시 아이보리와 여러 브랜드에서 나오는 과일 그림 찻잔이 결실의 계절인 가을과 잘 어울린다. 아울러 로열 첼시의 단풍 잔이나 파라곤의 국화 잔인 멈스Chrysanthemums, 국화가 있다.

겨울 세팅은 크리스마스와 맞물려 레드와 그린색 찻잔이 어울리지만 꽃이나 열매, 양초 등의 소품들도 한몫한다.

# | 봄 |

- **차 세팅** 찻잔은 헤머슬리의 본차이나1939년 이후 산이고 티푸드 접시는 프랑스산 리모주, T & V이다.
- **차 브랜드** 태국 VJO, 캐러멜 향 홍차
- **구성** 홍차, 캐러멜
- **차 우리기** 2g, 300mL, 100°C, 3분
- **차의 특징** 찻물색은 주황색으로 달콤한 향이 나고 부드러우며 맛난 맛이었다. 홍차에 네모 형태의 작은 캐러멜이 들어 있었고 우린잎은 흑갈색을 띠었다.
- **비고** 태국 치앙마이의 VJOVieng Joom on Teahouse에서 VIENG은 도시를 의미하고 JOOM ON은 핑크를 의미한다. 티하우스는 2007년에 문을 열었다. 중국차를 포함한 60종류의 차를 보유하고 있다. 녹차, 백차, 홍차 및 꽃, 과일과 허브류를 블렌딩한 것들이다.

• **차 세팅** 찻잔은 셸리의 파인 본차이나1941~1966년산 트리오이고 올렌더Oleander 셰이프의 베고니아Begonia 패턴이며 티포트 역시 드물게 올렌더 셰이프1945년산이다. 슈거볼과 저그는 데인티 셰이프이다.

• **차 브랜드** 국산 메리골드Marigold차

• **구성** 메리골드

• **차 우리기** 1g2송이, 200mL, 100°C, 5분

• **차의 특징** 찻물색은 연한 황색이고 다소 쿰쿰한 냄새에 풋풋한 맛이었으며 향이 맛에 따라왔다.

• **비고** 메리골드에는 눈에 좋은 루테인 성분이 들어 있다.

● **차 세팅** 찻잔은 셸리의 파인 본차이나1945~1966년산, 데인티 셰이프의 야생화Wild Flowers 패턴이고 다른 소품들은 전부 태국산이다.

● **차 브랜드** 태국 VJO, 재스민 라이스 녹차

● **구성** 녹차, 재스민 라이스, 재스민, 장미

● **차 우리기** 2g, 300mL, 80°C, 3분

● **차의 특징** 찻물색은 황록색이고 꽃 향미가 있었지만 우리나라의 현미녹차와 거의 같았다.

# 여름

- **차 세팅** 찻잔은 크라운 스태포드셔의 파인 본차이나1928년산, Rd. 742202이고 접시꽃Hollyhocks 패턴의 핸드 페인팅이다. 티푸드 접시로 사용한 것은 같은 패턴의 미니어처 찻잔 세트용 받침이며 연도는 동일하다. 작은 워트포트도 동일한 브랜드1928년산, Rd. 740378이다.

- **차 브랜드** 싱가포르 TWG, 모로칸 민트

- **구성** 민트차

- **차 우리기** 1티백, 300mL, 100℃, 3분

- **차의 특징** 찻물색은 연한 황갈색이고 전형적인 민트 향미를 띠었다.

- **비고** TWG The Wellness Group는 2008년에 창립된 싱가포르의 차 브랜드이다. 홍차, 오룡차, 보이차를 포함한 중국차부터 가향차까지 수백 종의 차를 판매하며 티룸도 있다. 1837년은 싱가포르에 동서양 교역의 중심이 된 상공회의소가 설립된 해인데 차통에 이 숫자가 쓰여 있다.

- **차 세팅** 찻잔은 콜클로의 본차이나1941~1998년산, 블루 리본 패턴이며 티푸드 접시는 프랑스산 세브르Sevres이다.
- **차 브랜드** 영국 잉글리시 티숍, 허브 혼합 백차
- **구성** 백차, 블루베리, 엘더꽃
- **차 우리기** 1티백1.5g, 300mL, 100°C, 5분
- **차의 특징** 찻물색은 담황색으로 상큼한 향과 단맛이 났다. 블루베리와 엘더베리꽃이 우린잎에 선명하게 보였다.

• **차 세팅** 찻잔은 로열 앨버트의 본차이나1975~2001년산, 프로빈셜 플라워 시리즈에서 연령초Trillium 패턴이다.

• **차 브랜드** 대만 오룡차

• **구성** 오룡차

• **차 우리기** 3g, 300mL, 100°C, 3분

• **차의 특징** 찻물색은 담황색으로 풋풋하고 향긋한 향이 나며 부드러운 맛이었다. 건조차는 말려 있지만 우리면 펼쳐지고 줄기도 있었다.

• **비고** 찻잔은 1975~2001년 사이에 생산되었으며 캐나다의 12개 주를 대표하는 꽃을 패턴으로 나타낸 시리즈이다.

# ┃가을┃

- **차 세팅** 찻잔은 파라곤의 파인 본차이나1952~1960년산로 왕실 인증의 더블 백스탬프를 가지고 있는 트리오이다. 찻잔 내부에 과일 그림이 그려져 있고 소스에 작가 사인도 있다. 피겨린은 스페인 야드로, 발렌시아 오렌지 소녀이다.
  - **차 브랜드** 독일 티칸네의 루이보스 바닐라
  - **구성** 홍차, 향료민트, 초콜릿
  - **차 우리기** 1티백1.75g, 300mL, 100℃, 5분레시피: 5~8분
  - **차의 특징** 찻물색은 주황색으로 바닐라 향과 달콤한 향이 나며 풋풋한 맛이 났지만 부드러운 편이었다.

- **차 세팅** 찻잔은 로열 앨버트의 본차이나1970년대~1980년대산로 갈란
드 시리즈Garland Series 중 왼쪽은 매혹Fascination이고 오른쪽은 우아함
Elegance 패턴이다. 꽃병으로 사용한 저그는 영국 메이슨스Mason's의 핸
드 페인팅이다.

- **차 브랜드** 영국 포트넘 앤 메이슨의 퀸 앤 홍차와 스리랑카 믈레즈
나의 메이플 홍차

- **구성** 홍차, 가향 홍차

- **차 우리기** 메이플 홍차 1티백, 홍차 2g, 500mL, 100℃, 3분

- **차의 특징** 찻물색이 진한 주황색이고 달콤한 향미가 났는데 티백
단독보다 마시기 편했다.

# |겨울|

- **차 세팅** 찻잔은 헤머슬리의 본차이나1939년 이후 산이며 티포트, 접시와 저그는 헤머슬리의 패트리샤 패턴이다.
- **차 브랜드** 독일 로네펠트, 윈터드림Winterdream
- **구성** 홍차, 향료오렌지, 캐러멜
- **차 우리기** 1티백1.5g, 300mL, 100℃, 3분레시피: 5~8분
- **차의 특징** 찻물색은 주황색이며 오렌지의 달콤한 향미가 났다.
- **비고** 크리스마스용 티푸드 칸투초Cantuccini는 이탈리아 토스카나 지역의 전통 비스킷으로 16세기에 아몬드를 넣어 구운 비스킷이다. 딱딱한 질감이므로 토스카나 지역의 화이트 와인인 빈산토Vin Santo에 적셔 먹으면 풍요로운 향미가 난다.

• **차 세팅** 찻잔은 셸리의 파인 본차이나 1945~1966년산, 데인티 셰이프의 블루 로즈 Blue Rose 패턴이며 접시는 프랑스산 리모주 T & V이다.

• **차 브랜드** 프랑스 쿠스미 Kusmi 상트페테르부르크 St-Petersbourg, 가향 홍차

• **구성** 중국 홍차, 향료 시트러스, 레드프루트, 캐러멜, 바닐라

• **차 우리기** 2g, 300mL, 100°C, 3분

• **차의 특징** 찻물색은 주황색으로 바닐라, 시트러스, 몰티 향 등이 났으나 기문에서 유래한 듯한 훈연 향도 있었고 약간 떫은맛이 났다.

# 13
# 크리스마스

크리스마스 세팅에서는 먼저 차를 정해야 한다. 홍차를 이용하여 자가제로 우리 입맛에 맞게 변형한 인도식 차이를 만들어 이용하면 좋다. 크리스마스용으로 기획된 차들이 브랜드별로 다양하게 나온다.

가족끼리 즐기거나 파티가 있다면 우리나라에도 정식 수입되는 포터넘 앤 메이슨의 크리스마스용 각종 차류에서 선택하는 방법도 있다. 그것은 대부분 과일과 계피, 정향 등 각종 향신료를 첨가한 스파이스 홍차이다. 이 홍차로 밀크티를 만들어도 좋다.

스리랑카 베질루르에서도 산타가 그려진 예쁜 보석 캔에 담긴 가향 홍차가 나오지만 향미가 우리 입맛에는 다소 강할 수 있다.

영국에서는 크리스마스에 차와 함께 준비해야 하는 티푸드들이 있다. 집에서 만들기도 하지만 사기도 한다. 옛날부터 전해온 것으로는 민스파이가 있는데, 이는 크리스마스 장식을 한 여러 가지 케이크이다. 여기에서는 시판되는 민스파이, 마지펀, 파네토네 등을 소개한다. 찻잔은 로열 크라운 더비의 이마리도 이색적이고 레드와 그린색이면 어떤 브랜드나 패턴이든 잘 어울린다.

트리 등 크리스마스 장식 그림 패턴인 찻잔들도 있지만 필자는 크리스마스용 찻잔은 웨지우드의 올랜더 파우더 루비를 즐겨 사용하는데, 같은 피오니 셰이프의 그린색 찻잔과 커플용으로 사용하면 더욱 좋다. 캔들이나 레드색 피겨린, 여러 가지 크리스마스용 장식품, 꽃들과 함께라면 분위기가 고조된다.

- **차 세팅** 찻잔은 로열 크라운 더비의 이마리 패턴1800년대산 커피잔이
며 사각형 작은 볼은 영국산 플로럴 패턴 본차이나이다.

- **차 브랜드** 영국 포트넘 앤 메이슨, 플럼, 애플 앤 시나몬Plum, apple and
cinnamon

- **구성** 히비스커스, 로즈힙, 계피, 정향12%, 사과8%, 생강5%, 비트, 자
두4%, 향료자두, 사과

- **차 우리기** 1티백2.5g, 250mL, 100℃, 3분레시피: 3~5분

- **차의 특징** 찻물색은 자홍색으로 자두 향이 나는 과일 향이 우세하
였으며 신맛이 났다.

- **차 세팅** 찻잔은 콜포트의 에소잔으로 베트윙 1891년산보다 더 오래된
잔이다.

- **차 브랜드** 중국 스팟 Spot 강황 녹차

- **구성** 녹차, 강황

- **차 우리기** 1티백, 300mL, 100°C, 3분 레시피: 4~5분

- **차의 특징** 찻물색은 담황색으로 약한 강황 냄새가 났고 맛은 특이
하였다.

- **비고** 강황의 커큐민 Curcumin 성분은 항박테리아, 항암작용을 하고
콜레스테롤 수치도 낮춰준다.

- **차 세팅** 찻잔은 후기 폴리 셸리1910~1916년산의 트리오로 흰색의 알렉산드라 셰이프이다.

- **차 브랜드** 영국 런던 프루츠 앤 허브사의 애플 앤 시나몬London Fruits & Herb, Company, Apple & Cinnamon

- **구성** 허브차

- **차 우리기** 1티백2g, 200mL, 100℃, 3분레시피: 3~5분

- **차의 특징** 찻물색은 주홍색이고 계피 향은 강하지 않았다. 약하지만 달콤한 과일 향이 나고 신맛이었다.

- **비고** 크리스마스용 티푸드로 민스파이Mince Pie는 테스코Tesco에서 판매하며 9 미니 페스티벌 타츠9 Mini Festive Tarts에는 스파이시드 럼spiced Rum, 루바브rhubarb, 생강이 들어 있다.

- **차 세팅** 찻잔은 스타 파라곤 파인 본차이나1923~1933년산 트리오이다.
- **차 브랜드** 영국 포트넘 앤 메이슨, 크리스마스 스파이시드 블랙 티
Christmas spiced black tea
- **구성** 홍차75%, 코코아닙스15%, 정향5%, 홍화, 합성향료오렌지, 생강, 오렌
지, 초콜릿
- **차 우리기** 1티백2.5g, 250mL, 100°C, 3분레시피: 3~5분
- **차의 특징** 찻물색은 혼탁한 주홍색이고 오렌지 향이 우세하였으며
맛은 떫지 않았다.

- **차 세팅** 찻잔은 앤슬리1926~1934년산, 사각 러플 볼도 앤슬리이며, 핀디시는 로열 우스터이다.

- **차 브랜드** 일본 로열 코펜하겐에서 출시한 다즐링 홍차

- **구성** 인도산 홍차

- **차 우리기** 1티백2g, 400mL, 100℃, 3분

- **차의 특징** 찻물색이 진한 주황색으로 진하게 우러나오는 것을 보면 첫물차나 두물차는 아닌 것 같았다. 신선한 향은 아니지만 구수한 향에 약간 달콤한 향이 있었으며, 맛은 조금 떫었다.

- **비고** 크리스마스용 티푸드로 영국산 테스코 아이스드 프루츠 케이크Tesco Iced Fruit Cake, 영국에서 크리스마스 케이크로 이용, 벨기에산 마지판Marzipan, 아몬드가 포함된 과자이며 영국에서도 판매을 사용하였다.

• **차 세팅** 찻잔은 앤슬리1930~1940년산이며 컴포트와 슈거볼은 영국 헤머슬리의 레이디 페트리샤 패턴이다.

• **차 브랜드** 영국 포트넘 앤 메이슨, 크리스마스 그린티

• **구성** 녹차46%, 육계시나몬이 아니고 케시아, 감초13%, 아니스, 스타아니스8%, 코코넛 플레이크4.5%, 화이트 콘플라워와 분홍 통후추, 향료바닐라 3%

• **차 우리기** 1티백2.3g, 300mL, 80°C, 3분

• **차의 특징** 찻물색은 담황색이며 바닐라와 스파이스 향이 나고 맛은 바닐라보다 스파이스 향이 강하였다. 열탕을 식혀 우려서 부드러운 향신료맛을 머금은 녹차맛이 났다.

• **비고** 크리스마스용 티푸드로 사용한 영국 테스코의 미니 파네토네Mini Panettone는 밀라노가 원산지이다. 파네는 빵이라는 뜻이고 one은 '크다'는 뜻으로 둥근 돔 모양 빵이라는 의미이다. 설탕절임 감귤류필, 건포도 등이 들어 있는 천연효모를 이용한 빵이다.

- **차 세팅** 왼쪽: 찻잔은 웨지우드 본차이나1963~1997년산, 플로렌틴 골드 컬럼비아 패턴이다.
- **차 브랜드** 영국 아마드티, 시나몬 헤이즈Cinnamon Haze
- **차 우리기** 1티백, 300mL, 100°C, 3분
- **차의 특징** 찻물색은 주홍색으로 향기와 맛은 달콤한 계피 향미이며 빨리 우러나고 묵은 홍차맛이 남았다.


- **차 세팅** 오른쪽: 찻잔은 영국 웨지우드 울란더 파우더 루비1963~1997년산이다.
- **차 브랜드** 러시아 그린필드, 크리스마스 미스터리Christmas Mystery
- **차 우리기** 1티백, 300mL, 100°C, 3분레시피: 3~5분
- **차의 특징** 찻물색은 주황색으로 감귤류 향이 우세하며 맛에도 감귤류맛이 따라왔다. 건조차에서 정향Clove과 계피 향이 났다.

- **차 세팅** 찻잔은 콜포트박물관 본차이나1992년산, 15,000개 생산 중 865번 한정판이며 이름은 더 프레젠테이션 컵The Presentation Cup, 사진 왼쪽 이다.

- **차 브랜드** 영국 포트넘 앤 메이슨, 크리스마스 그린 티Christmas green tea

- **구성** 녹차, 향료바닐라, 아니스

- **차 우리기** 1티백2g, 200mL, 90℃, 3분레시피: 85℃, 3~5분

- **차의 특징** 찻물색은 황록색으로 건조차는 초콜릿 향이지만 우리면 아니스 향이 우세하고 스파이스맛이었다.

- **비고** 한 박스에 녹차, 허브차, 홍차 세 종류 티백이 들어 있다. 참 고로 오른쪽 찻잔은 846번 한정판이며 이름은 아르누보 플라워Art Nouveau Flowers이다. 중간 찻잔은 150번 한정판이며 이름은 버터플라이 앤 포메그래너츠Butterfly & Pomegranates이다.

# 14
# 웨딩과 생일

크리스마스 세팅에서 전용 차가 있듯이 웨딩 차라고 나오는 차들이 있다. 여기서는 본문에서 언급하지 않은 웨딩 차 몇 가지를 소개한다.

첫째, 미국 하니앤손스의 웨딩 차는 백차, 장미봉오리, 향료초콜릿로 구성되어 말만 들어도 스윗하다.

둘째, 프랑스 마리아주 프레르Mariage Freres의 웨딩 임페리얼Wedding Imperial은 인도 아삼 홍차, 향료초콜릿, 캐러멜로 구성되어 있다. 필자는 이 차를 진하게 우려 홍차 아포카토affogato로 이용한다.

셋째, 영국 포트넘 앤 메이슨의 웨딩 브렉퍼스트는 인도산 홍차아삼의 TGFOP1와 케냐산 홍차OP 등급를 블렌딩한 것으로 2011년 영국의 윌리엄 왕자가 프러포즈한 장소가 케냐이기 때문에 케냐산 홍차를 블렌딩에 사용했다는 얘기가 있다. 가향차가 아닌 이름만 웨딩인 홍차라서 필자는 우린 찻물에 장미봉오리를 넣는다.

본문에 실린 것을 비롯하여 대부분 웨딩 홍차는 향기가 감미롭거나 향긋한 가향차이다. 결혼식 전용으로 화사한 찻잔들도 제법 생산되었다. 예쁜 꽃들과 리본이 있거나 웨딩이라는 글자가 새겨지기도 한다.

생일을 위해 특별히 나오는 차는 헤로즈의 버스데이Birthday 같은 차가 있지만 좀 드물다. 필자는 생일 차로 고품질 다즐링을 추천한다. 웨딩이든 생일이든 예쁜 꽃병에 꽂은 꽃, 레이스, 구슬 장식 등이 있으면 차 세팅이 우아해지고 티푸드나 케이크 등에도 평소보다 신경 쓴다면 의미 있는 자리가 될 것이다.

# | 웨딩 |

- **차 세팅** 찻잔은 파라곤의 파인 본차이나1939~1949년산로 왕실 인증의 더블 백스탬프를 가지고 있다. 찻잔 내부에 은방울꽃이 그려져 있으며 투 더 브라이드To The Bride, 신부에게라는 글도 새겨져 있는 이색적인 찻잔이다. 접시는 투스칸이다.
- **차 브랜드** 스리랑카 베질루르, 러브 스토리
- **구성** 녹차 96%, 콘플라워, 홍화 5%, 향료베르가못 향, 기타
- **차 우리기** 1티백2g, 300mL, 80°C, 3분
- **차의 특징** 찻물색은 황록색이고 풍선껌 향이 나며 홍화 냄새도 났다. 맛은 향보다는 과하지 않았다.
- **비고** 은방울꽃은 향은 좋으나 독초이기 때문에 플라스틱꽃으로 장식하였다.

- **차 세팅** 찻잔은 셸리의 헨리 셰이프1945~1964년산이고 블러섬Blossom 패턴이며 티포트와 브레드 접시, 꽃병으로 사용한 저그도 전부 세트 이다.

- **차 브랜드** 영국 헤로즈의 컨그레추레이션, 프루츠 앤 허벌 인퓨전 Congtulations, Fruit & Herbal Infusion

- **구성** 녹차61%, 생강18%, 망고10%, 페퍼민트5%, 랩스베리, 홍화, 향료 망고, 베르가못, 레몬

- **차 우리기** 2g, 300mL, 80℃, 3분

- **차의 특징** 찻물색은 약간 혼탁한 황색이고 민트와 홍화 냄새가 났다. 맛은 신맛이 약간 있었으며 홍화 냄새가 약간 따라오지만 떫은맛은 없 었다.

- **차 세팅** 찻잔은 투스칸의 파인 본차이나1947~1966년산, 신부용 꽃Bridal
Flower 패턴이고 꽃은 오렌지꽃이다.
- **차 브랜드** 싱가포르 TWG, 그랜드 웨딩
- **구성** 스리랑카산 홍차와 해바라기, 메리골드, 망고, 파인애플, 향료
과일
- **차 우리기** 2g, 250mL, 100℃, 3분레시피: 220mL, 3~5분
- **차의 특징** 찻물색은 어두운 주홍색이고 달콤한 향이 나며 첫맛은
달콤하나 뒷맛은 쌉쓰레하였다.
- **비고** 오렌지꽃은 유럽에서 네롤리Neroli라 하며 향이 좋아 선호하는
꽃이다.

- **차 세팅** 찻잔은 파라곤의 파인 본차이나1960~1963년산, 왕실 인증 백 스탬프이며 사각형 잔이다.

- **차 브랜드** 일본 루피시아, 웨딩 차

- **구성** 베트남과 인도산 홍차, 장미, 메리골드, 수레국화, 향료복숭아

- **차 우리기** 2g, 300mL, 100°C, 3분레시피: 220mL, 3~5분

- **차의 특징** 찻물색은 주황색이고 과일맛이 따라오지만 부자유스러운 맛은 아니었다.

- **차 세팅** 찻잔은 퀸 앤의 파인 본차이나1949~1966년산, 로열 브라이덜 가운Royal Bridal Gown 패턴의 트리오이다.
- **차 브랜드** 스리랑카 베질루르의 웨딩 홍차, 차통은 오르골임
- **구성** 홍차, 망고, 살구, 건포도, 재스민, 향료사과, 복숭아
- **차 우리기** 3g, 300mL, 100°C, 3분
- **차의 특징** 찻물색은 진한 주황색으로 사과와 복숭아 향이 났고 맛은 강하였다.
- **비고** 이 잔은 엘리자베스 2세 여왕의 웨딩드레스를 모티브로 별, 꽃, 리본이 수를 놓듯 핸드 페인팅되었다.

- **차 세팅** 찻잔은 퀸 앤의 본차이나1964년 이후 산, 골드 레이스Gold Lace 패턴이며 웨딩 애니버서리Wedding Anniversary라는 글자는 찻잔 내부에 쓰여 있다. 티푸드 접시는 오스트리아산 연인들 패턴의 소스이다.

- **차 브랜드** 뉴질랜드 팜스Pams, 장미녹차

- **구성** 녹차, 히비스커스, 장미 꽃잎

- **차 우리기** 3g, 300mL, 80°C, 3분

- **차의 특징** 찻물색은 분홍색으로 장미 향이 났으며 신맛은 강하지 않았다.

# | 생일 |

- **차 세팅** 찻잔은 크라운 스태포드셔1906년 이후 산이고 와인병과 잔은 이탈리아 베네치아의 무라노 알렉산더석 글래스에 24K 골드로 처리되어 있다. 특수유리를 사용하여 빛에 따라 색깔이 변한다.
- **차 브랜드** 영국 헤로즈, 버스데이 티Birthday Tea
- **구성** 사과55%, 히비스커스8%, 로즈힙7%, 비트, 블랙베리잎, 감초, 향료쿠키, 블루베리, 바닐라
- **차 우리기** 2g, 300mL, 100°C, 3분
- **차의 특징** 찻물색은 분홍색으로 신 향, 바닐라 향, 달콤한 향이 나고 새콤달콤한 맛이었다.

- **차 세팅** 찻잔은 앤슬리 본차이나1934~1939년산이고 배추 모양 볼은 프랑스산 PMC이다.
- **차 브랜드** 영국 포트넘 앤 메이슨, 다즐링 FTGFOP 등급
- **구성** 홍차
- **차 우리기** 3g, 300mL, 90℃, 3분
- **차의 특징** 건조차는 골든 팁과 초록이 혼합되어 있었다. 찻물색은 연한 주황색으로 달콤한 향, 구수한 향, 향긋한 향이 나고 보디감이 있으며 약간 나무 향미를 띠었다. 우릴 때 일부 찻잎은 가벼워서 가라앉지 않았다.

# 참고자료

서운희, 《서운희의 앤틱(엔틱) 백마크》, 앤틱, 2022.

송은숙, 《애프터눈 티, 홍차문화의 A에서 Z까지》, 이른아침, 2019.

앤 매킨타이어, 최성희 옮김, 《향기롭고 몸에 좋은 최고의 허브 요법 100》, 아카데미북, 2008.

조용준, 《유럽 도자기 여행(서유럽 편)》, (주)도서출판 도도, 2014.

최성희, 《홍차의 비밀》, 중앙생활사, 2019.

Cha Tea 紅茶敎室, 정승호 감수, 《영국 왕실 도자기 이야기》, 한국티소믈리에연구원, 2021.

Cha Tea 紅茶敎室, 英國のテーブルウェア(アンティーク & ヴィンテジ), 河出書房新社, 2016.

Cha Tea 紅茶敎室, ヨーロッパ宮庭を彩った陶磁器, 河出書房新社, 2019.

小野まリ, 英國アンティークの世界. 河出書房新社, 2017.

山田榮, 紅茶バイブル. ナツメ社, 2018.

Ann Eatwell and Andrew Casey, Susie Cooper, Antique Collector's Club, 2002.

Henry Sandon. Royal Worcester Porcelain from 1862 to the Present Day. Barrie & Jenkins, 1978.

Geoffrey Wills, Wedgwood, Chancellor Press, 1980.

Ines Heugel, La Passion des Arts de la Table, Hachette Livre—Editions du Chene, 2005.

Joan Jones, Minton, Shire Publications Ltd., 1994.

Sheryl Burdess, Shelley Patterns, Schiffer Publishing, 2003.

Tina Skinner & Jeffrey B. Synder, Shelley China, Schiffer Publishing, 2001.

로열 앨버트 패턴 사이트(http://www.royalalbertpatterns.com).

**중 앙 생 활 사** Joongang Life Publishing Co.
중앙경제평론사 | 중앙에듀북스    Joongang Economy Publishing Co./Joongang Edubooks Publishing Co.

**중앙생활사**는 건강한 생활, 행복한 삶을 일군다는 신념 아래 설립된 건강 · 실용서 전문 출판사로서
치열한 생존경쟁에 심신이 지친 현대인에게 건강과 생활의 지혜를 주는 책을 발간하고 있습니다.

## 스토리가 있는 앤티크 찻잔의 비밀

초판 1쇄 인쇄 | 2023년 5월 20일
초판 1쇄 발행 | 2023년 5월 25일

지은이 | 최성희(SungHee Choi)
펴낸이 | 최점옥(JeomOg Choi)
펴낸곳 | 중앙생활사(Joongang Life Publishing Co.)

대    표 | 김용주
책임편집 | 이상희
본문디자인 | 박근영

출력 | 케이피알  종이 | 한솔PNS  인쇄 | 케이피알  제본 | 은정제책사

잘못된 책은 구입한 서점에서 교환해드립니다.
가격은 표지 뒷면에 있습니다.

**ISBN 978-89-6141-313-8(03590)**

등록 | 1999년 1월 16일 제2-2730호
주소 | ㉾ 04590 서울시 중구 다산로20길 5(신당4동 340-128) 중앙빌딩
전화 | (02)2253-4463(代)  팩스 | (02)2253-7988
홈페이지 | www.japub.co.kr  블로그 | http://blog.naver.com/japub
네이버 스마트스토어 | https://smartstore.naver.com/jaub  이메일 | japub@naver.com
♣ 중앙생활사는 중앙경제평론사 · 중앙에듀북스와 자매회사입니다.

Copyright ⓒ 2023 by 최성희
이 책은 중앙생활사가 저작권자와의 계약에 따라 발행한 것이므로 본사의 서면 허락 없이는
어떠한 형태나 수단으로도 이 책의 내용을 이용하지 못합니다.

| 도서 주문 | **www.japub**.co.kr  전화주문 : 02) 2253 - 4463 | **https://smartstore.naver.com/jaub**  네이버 스마트스토어 |
| --- | --- | --- |

중앙생활사/중앙경제평론사/중앙에듀북스에서는 여러분의 소중한 원고를 기다리고 있습니다. 원고 투고는 이메일을
이용해주세요. 최선을 다해 독자들에게 사랑받는 양서로 만들어드리겠습니다.  **이메일** | japub@naver.com